한국군의 군구조와 군수부대의 변화

**한국군의 군구조와
군수부대의 변화**

2023년 7월 15일 초판 인쇄
2023년 7월 20일 초판 발행

지은이 | 정찬환
펴낸이 | 이찬규
펴낸곳 | 북코리아
등록번호 | 제03-01240호
전화 | 02-704-7840
팩스 | 02-704-7848
이메일 | ibookorea@naver.com
홈페이지 | www.북코리아.kr
주소 | 13209 경기도 성남시 중원구 사기막골로 45번길 14
　　　우림2차 A동 1007호
ISBN | 978-89-6324-996-4 (93390)

값 20,000원

한국군의 군구조와 군수부대의 변화

미래 육군과 군수부대의 완전성을 위한 제언

정찬환 지음

북코리아

대한민국 육군과 군수부대의 미래를 위한 성찰

현재도 지속되고 있는 러시아와 우크라이나 전쟁에서 보듯이 전쟁에서 승리하기 위해서는 작전지속지원이 효과적으로 이루어져야 한다. 이러한 작전지속지원의 핵심은 군수지원이다. 따라서 전쟁에 승리하기 위해서는 군수지원이 잘 이루어져야 한다.

이러한 군수지원이 원활하게 이루어지도록 하기 위해서는 지원체제, 장비 및 물자 보급 등 여러 가지 요소가 있을 수 있으나 전투부대를 지원하기 위한 군수부대가 우선적으로 잘 편성되어 있어야 한다.

이러한 측면에서 한국군을 살펴보면 군수기능이나 군수부대에 대한 중요성이 간과되고 있고, 군수부대에 대한 분석이나 평가, 최적의 편성 노력도 다소 부족한 현실이다. 2006년부터는 국방개혁이 이루어지면서 군수부대는 비전투부대로 간주되어 인력이 대폭 삭감되고 있고 민간인력을 확대하는 방향으로 개편을 추진 중에 있다.

현대전에서 군수지원이 전쟁수행의 핵심으로 등장하고 있는데 한국군은 오히려 이 분야를 비전투분야로 간주하고 조직과 인력을 축소하고 있는 것이다. 이러한 시점에서 한국군의 군수부대 구조 및 편성이 전쟁을 수행하는 데 적절한지를 분석해 보는 것은 매우 시급한 연구과제가 아닐 수 없다.

이 책에서 분석하고자 하는 것은 네 가지로 첫째, 창군 이후 현재까지 한국육군 군수부대가 어떻게 변화되었는지를 분석한다. 둘째, 시기별로 한국육군 군수부대 구조변화를 결정하는 영향요인들을 분석하고, 핵심 영향요인이 무엇이었는지를 밝혀낸다. 셋째, 한국육군 군수부대 변화의 핵심 영향요인이었던 육군의 군구조와 군수지원체제를 분석해서 발전방향을 제시한다. 넷째, 이러한 핵심 영향요인 발전방향에 따른 한국육군 군수부대 구조 발전방안을 제시하고자 한다.

이 책은 전쟁의 승리를 보장하는 데 가장 중요하면서도 연구가 소홀했던 육군의 군수분야, 그중에서도 군수부대 구조에 대한 분석과 영향요인, 발전방안을 제시함으로써 한국육군 군수분야의 발전과 이를 통한 전쟁 수행능력 향상에 기여할 것이라 생각한다.

끝으로 이 책이 세상에 나오기까지 정확하게 방향을 잡아 주시고 진솔한 조언을 아끼지 않으신 김완태, 이승재 선배님과 세심한 지도를 아끼지 않으신 한남대학교 김종하 교수님께 진심으로 감사드리며, 북코리아 이찬규 대표님을 비롯해서 수고해 주신 모든 분들께 감사의 마음을 전한다. 이 책이 한국군 전쟁 수행의 핵심인 군수부대 발전에 조금이나마 도움이 되기를 진심으로 기대한다.

2023년 5월
사랑하는 군과 군수를 생각하며
정찬환

CONTENTS

제1부

들어가며

1. 군수부대의 중요성

군수의 역사는 전쟁의 기록만큼 오래된다. 전쟁은 모든 군사활동의 종합술이며 전쟁을 위해서는 준비하는 단계와 전쟁을 수행하는 단계 모두 군수활동이 필수적이다. 특히 산업혁명 이후 장비가 현대화되고 물자 보급이 중요해지면서 전쟁의 성패는 작전적 차원보다는 군수적 차원이 더욱 결정적 요인이 되어버렸다.

이러한 군수지원을 간과하여 전쟁 수행에 어려움을 겪고 있는 최근 사례는 러시아와 우크라이나의 전쟁에서 찾아볼 수 있다. 2022년 1월 24일, 러시아는 우크라이나의 나토 가입을 저지하겠다는 명분으로 15만여 명, 70여 개의 대대전술단으로 우크라이나를 침공하였다. 2020년 기준 러시아의 국방비 지출은 대략 617억 달러로 세계 4위, 우크라이나는 59억 달러로 34위이며 두 국가의 국방비는 약 10배 이상 차이를 보이고 있어,[1] 전쟁은 쉽게 러시아의 승리로 끝날 것으로 예상하였다.

---

[1] Diego Lopes da Silva, Nan Tian, Alexandra Marksteiner, *Trends in World Military Expenditure*, 2020 (SIPRI, 2021), p. 2.

그러나 러시아는 탄약·식량·유류 보급 등 군수의 문제로 전쟁 계획에 차질이 발생되고 있다. 이에 대해 방종관은 다음과 같이 주장하였다.

> 러시아의 우크라이나 전면 침공은 2014년 크림반도 병합, 이후 전개된 돈바스지역 분쟁과는 차원이 다른 규모의 전쟁이었으나 러시아군은 이를 간과하고 돈바스 지역에서 운용하던 대대전술단(Battalion Tactical Groups) 형태로 부대를 투입함으로써 군수지원에 문제가 발생했다. 대대전술단은 강대국과의 전면전쟁이 아니라 지역분쟁에 개입 시 적절한 부대편성이다. 그러다 보니 대대전술단의 한계가 드러나기 시작했는데 대표적인 것이 보급·정비능력의 한계다.[2]

또한, 미국의 군사전문가들이 중국 인민해방군을 평가함에 있어서 최대 약점이 '효율적인 보급 작전 능력이 떨어지는 것'이고, 중국의 대만 침공이 현실화하면 중국 인민해방군도 러시아군과 유사한 상황에 놓일 수도 있다고 진단하였다.

> 미 국방부 소속의 선임 전략가 조슈아 아로테스기는 중국이 실제 전시상황에서 효율적으로 보급 작전을 수행하기 어려울 것으로 의견을 제기했다. 그는 "많은 정규군 숫자에도 불구하고 병참 능력에서의 격차가 인민해방군의 전투 준비태세에 심각한 결점이 되고 있다"고 했다. … 전 미 국가안보국 중국 분석가 로니 헨레이는 "현재 중국 인민해방군 공군이

2 방종관 한국국방연구원 객원연구원, "세계 2위 강군도 비틀대는 이유… 국방혁신, 러 실패서 배워라", 『중앙신문(인터넷)』, https://ko.gl/QDBkH, 2022. 3. 16.

작전을 지속 가능하게 수행할 수 있는 기간은 2주 정도일 것"이라고 진단했다.[3]

따라서 러시아와 우크라이나의 전쟁과 군사전문가들의 중국 인민해방군에 대한 평가에서 보듯이 전쟁에서 승리하기 위해서는 효과적인 군수지원이 필수적이다. 이러한 군수지원이 원활하게 이루어지도록 하기 위해서는 지원체제, 장비 및 물자 등 여러 가지 요소가 있을 수 있으나 전투부대를 지원하기 위한 군수부대가 우선적으로 잘 편성되어 있어야 하는 것이다.

이러한 측면에서 한국군을 살펴보면 군수기능이나 군수부대에 대한 중요성이 간과되고 있고, 군수부대에 대한 분석이나 평가, 최적의 편성 노력도 다소 부족한 현실이다. 한국군 군수부대의 변화를 보면 창군 시에는 미군의 교리와 원조에 의존하던 시기였기 때문에 미군의 체제를 자연적으로 모방해서 병과별로 군수지원하는 군수부대를 발전시켰고 한국전쟁을 겪으면서 이러한 군수부대와 인력은 확장되었다. 그러나 종전 이후에는 군수부대와 인력이 지속적으로 감소되고 있고, 특히 2006년부터는 국방개혁에 의한 군구조 개편을 추진하면서 군수부대는 비전투부대로 판단되어 평시 군수인력이 급격히 감소되고 있다.

한국군의 국방개혁은 최초 노무현 정부시절인 2005년에 국방개혁 2020으로 출발하여 문재인 정부에서는 국방개혁 2.0으로 개념이 발전되어 추진 중에 있다. 이러한 국방개혁에 의해서 한국군은 병력 중심의

---

3 정지섭, "'중국군, 우크라의 러군과 닮은 꼴'… 美 전문가들이 꼽은 최대 약점", 『조선일보(인터넷)』, https://n.news.naver.com/article/023/0003705220, 2022. 7. 21.

재래식 군구조를 탈피하고 첨단 정보와 기술을 중시하는 군구조로 전환을 추진하고 있다. 이를 위해 군은 부대 수와 병력을 대폭 삭감하되 첨단 전력증강을 통해 전투 능력과 효율을 향상시키고 있다. 현 개편계획은 2025년까지 상비병력을 50만 명으로 감소시키고, 부대는 2026년까지 개편하며 전력은 2030년까지 증강시킬 계획이다. 국방개혁에 있어서 부대 수와 병력을 삭감하는 주 대상은 육군이다. 육군의 부대 및 병력구조 개편은 부대 수를 줄여서 병력을 삭감하되, 유지되는 부대의 편성률은 높여서 부대편성의 완전성을 높여 나가는 것이다. 이를 통해 육군의 적정 부대 수를 유지하면서 상비병력 규모 조정을 통한 전력공백은 최소화하고 전투력 발휘가 가능하도록 추진하고 있다. 육군 예하 작전사는 3개에서 2개로, 군단은 10개에서 6개로, 사단은 47개에서 33개로 삭감되고 육군의 병력은 54.8만 명에서 36.5만 명 수준으로 감축될 계획이다. 육군 내의 군수부대는 비전투분야로 간주되어 인력이 대폭 삭감되고 있고 민간인력을 확대하는 방향으로 개편을 추진 중에 있다.[4]

이렇게 추진하고 있는 한국군의 군구조 개편계획은 수차례 수정과 변경이 이루어졌고 이러한 과정 속에서 여러 가지 문제점이 발생되고 있는 것은 부인할 수 없는 사실이다. 국방개혁에 의한 군구조 개편 추진이 17년 정도 경과하는 현 시점에서 이러한 개편이 적절한지를 연구해볼 필요가 있고, 그중에서도 가장 많은 병력 삭감이 이루어지고 있는 군수부대 구조 및 편성이 전쟁을 수행하는 데 적절한지를 분석해 볼 필요가 있는 것이다.

이러한 중요성에도 불구하고 한국군의 군구조에 대한 저서나 연구

---

4   국방부, "국방개혁 2.0 소개자료", https://reform.mnd.go.kr, 2022. 3. 27.

등은 거의 없는 실정이다. 이는 군사분야의 전문성, 제한성, 보안문제 등으로 일반학자들의 접근이 제한되는 영역이고, 관련 부대 간의 이해관계 등 여러 가지 요소가 복잡하게 얽혀 있는 분야이기 때문이다. 또한 비교적 장기적인 연구를 통하여서도 그 시행상에서 국가안보상 취약한 시기를 노출시킬 수 있다는 위험 인식도 연구와 추진에 장애요소로 작용하고 있다. 이러한 장애요소로 인해 군구조에 저서나 연구가 제한되었던 현실을 고려해서 본 연구에서는 기존에 연구했던 소수의 자료들을 최대한 포함시켜서 분석을 진행할 수밖에 없었음에 대해서 독자들의 양해를 먼저 구한다.

군구조 결정요인에 관한 연구는 임완재 · 오영균(2014)의 "군 구조 정책의 변화요인에 관한 연구", 김갑진(2021)의 "한국군 군구조 정책 결정요인과 특징" 등 일부 연구가 이루어지고 있다. 그러나 이러한 연구도 군구조의 결정요인에 초점을 맞추기보다는 군구조 정책 변화요인에 중점을 두고 이루어지고 있다.

군구조의 4가지 구성요소인 지휘구조,[5] 부대구조, 전력구조,[6] 병력구조[7] 중에 부대구조의 변화에 대한 연구는 장명순(2014)의 "미래 지상군 구조 발전방향에 대한 소고", 박무춘 · 고시성(2019)의 "전략환경 변화에 따른 부대 및 병력구조 발전방안 연구" 등에서 부대구조 결정 영향

---

5   지휘구조는 "국방부로부터 국방부 직할부대, 합동부대, 각군 예하부대에 이르기까지 지휘관계로 이루어진 체계"라고 정의된다. 합동참모본부, 『합동교범 10-2 합동 · 연합작전 군사용어사전』(서울: 합동참모본부, 2020), p. 51.

6   전력구조는 "군사목표를 달성하고 군사전략 개념을 구현하기 위해, 가용한 인력과 예산을 고려하여 제대별 적정 수준의 무기체계, 장비 등을 편성한 체계"라고 정의된다. 합동참모본부, 『합동교범 10-2 합동 · 연합작전 군사용어사전』, p. 51.

7   병력구조는 "군조직을 형성하는 병종별 또는 신분별 인력의 구성체계"라고 정의된다. 합동참모본부, 『합동교범 10-2 합동 · 연합적전 군사용어사전』, p. 51.

요인에 대한 분석이 일부 이루어지고 있다.

　그러나 부대구조의 하위요소로서 군수부대 구조변화와 관련된 연구는 미진하다. 육군 교육사령부 소속 신태치 · 강영기(1988)의 "군구조 개선연구(군수부대)", 신태치 · 정낙준(1994)의 "통합기능화체제에 부합된 군수부대 구조 개선", 황의길(1995)의 "군수지원부대 편성 발전방안"에서 미래 군수부대 구조 발전방향을 연구하였으나 자체 연구보고서 수준이며, 최근에 추가적인 연구도 이루어지지 않고 있다.

　본 연구에서 군수부대 구조 결정에 핵심 영향요인으로 보는 군수지원체제에 관한 연구문서를 분석한 결과 미래 군수지원체제 발전방안에 관한 연구는 많이 이루어지고 있으나 이러한 군수지원체제 변화가 군수부대 구조에 미치는 영향을 분석한 연구는 없었다. 따라서 대한민국에서 전쟁이 발발 시 전승의 핵심 요소인 군수분야, 그중에서도 그동안 심층 깊은 분석이나 연구가 이루어지지 않았던 한국군의 군수부대 구조변화와 결정요인에 대한 연구가 절실히 필요한 시점이다.

　그런데 한국군의 군수부대 구조변화를 분석함에 있어서 고려해야 할 사항은 부대구조라는 것이 단순한 요소에 의해서 변화되는 것이 아니고 복합적인 영향요인에 의해서 변화된다는 것이다. 또한, 구조의 변화는 장기간에 걸쳐 이루어지며, 앞에서 언급한 영향요인에 의해서 서서히 때로는 급격하게 변화된다는 것이다.

　따라서 본 연구에서는 한국육군 군수부대 구조가 창군 이후 2023년 현재까지 시기별로 어떠한 핵심 영향요인에 의해서 어떻게 변화되어 왔는지를 분석하고, 이렇게 형성된 현재의 군수부대 구조가 미래 육군의 제대별로 효과적인 작전지속지원이 가능하도록 군수부대의 최적화 방안을 제시하고자 한다.

2. 군수부대 구조 최적화 영향요인 분석

한국군 군수부대 구조를 최적화하기 위한 영향요인을 분석하기 위해서는 최상위 개념인 군구조 결정 영향요인과 군구조의 하위에 있는 부대구조 결정 영향요인에 대한 연구사례, 군수부대 구조 발전 관련 연구와 군수부대 구조 결정에 핵심 영향요인인 군수지원체제 발전 관련 과거 연구자료를 분석할 필요가 있다.

먼저 군구조를 결정하는 영향요인에 대한 과거 연구사례를 살펴보면, 미국 머레이 · 비오티 교수(Dougls J. Murray, Paul R. Viotti, 1994) 등은 대내 · 외 안보구조, 국제동맹의 발전, 국내 정치상황, 국방자원의 가용성, 작전수행, 전력구조, 군사기술 등이 군구조를 결정한다고 분석했다.[8]

군구조 하위 개념인 부대구조 결정 영향요인을 분석한 과거 연구자료를 분석해 보면 겔브(Leslie H. Gelb, 1973) 등은 안보환경의 특수성, 동맹군의 존재, 국내 정치적 상황, 국방자원의 가용성, 군사전략 및 교리의

---

8 Douglas J. Murray and Paul R. Viotti, *The Defense Policies of Nations: A Comparative Study*, 3rd ed. (Baltimore: Johns Hopkins University Press, 1994), p. 19.

변화, 군사과학기술 및 무기체계의 발전, 군구조의 변화 등이 부대구조 결정에 영향을 미치는 것으로 분석했다.[9]

군수부대 구조 결정 관련해서는 육군 교육사령사령부 자체적인 연구보고서만 3건 있는데, 이 연구들은 군수부대 구조 결정 영향요인을 국제 안보환경의 변화, 국내정세 및 국방여건 평가, 전략개념의 변화, 지상군 구조 발전, 군수지원체제 발전방향, 군수부대 구조 취약요소 보완 등으로 분석했으며, 연구문서 모두가 공통적으로 군수지원체제 발전방향이 군수부대 구조 결정에 가장 큰 영향요인이라고 제시하였다.

군수부대 구조변화에 주요하게 영향을 미친다고 판단되는 군수지원체제 관련 문헌을 고찰해 본 결과 대부분의 연구문서가 미래 군수지원체제 발전방안과 관련된 연구이며, 군수지원체제와 군수부대 구조변화와의 연계성을 분석하지는 않았다. 군수지원체제 발전 관련 고려요소는 미래전의 양상, 무기체계 발전, 외국군의 군수지원체제 발전 추세, 군수분야 요구능력 및 혁신 방향 등이 있으며 특히, 군수분야 환경 및 혁신 방향이 군수지원체제 발전에 중요한 고려요소라고 분석하고 있다.

기존 연구사례를 종합적으로 살펴보면, 군구조와 부대구조를 결정하는 영향요인은 다양한 정치 및 군사적 환경에서 수많은 요인이 복합적으로 작용하고 있으나 이를 분석하면 국내외 안보환경요인과 군내 군사안보환경요인이 영향을 미쳤음을 알 수 있다. 다음으로 군수부대 구조 결정 영향요인은 국내외 안보환경요인과 군내 군사안보환경요인에 추가해서 군수 내부 요인으로 군수분야 환경적 요인과 군수지원체제의

---

9   Leslie H. Gelb and Arnold M. Kuzmack, "General Purpose Forces," in Henry Owen, ed., *The Next Phase in Foreign Policy* (Washington, D.C.: Brookings Institution Press, 1973), pp. 203~204.

변화가 영향을 주는 것으로 분석된다. 여기서 군수부대 구조 결정은 국내외 안보환경요인보다는 군내 군사안보환경요인이 더 큰 영향을 미치고 그중에서도 해당 군의 구조 변화가 중요한 영향요인으로 분석되며, 군수 관련 요소 중에서는 군수지원체제가 핵심요인임을 알 수 있다.

이에 따라 본 연구에서는 군수부대 구조 최적화 영향요인을 국내외 안보환경요인과 군내 군사안보환경요인, 육군의 군구조와 군수지원체제 변화로 선정하여 분석하였다.

이러한 영향요인 중에서 국내외 안보환경, 군내 군사안보환경요인은 기존 연구결과를 참고하여 핵심요인을 선정하였는데 국내외 안보환경요인은 한반도 안보환경, 한미동맹의 발전, 국방자원의 가용성을 분석하고, 군내 군사안보환경요인으로 군사전략의 변화, 군사과학기술 및 무기체계의 발전을 고찰하였다. 군구조와 군수지원체제는 하위요소 없이 그 자체 변화를 분석하였다.

군수부대 구조변화는 전쟁을 수행하는 수준에 따라 제대별 군수부대 구조 및 편성 변화를 연구하였다. 육군본부는 용병술체계[10]에 따라 전쟁의 수준을 전략적 수준과 작전적 수준, 그리고 전술적 수준의 세 가지로 구분한다. 전략적 수준은 국가적인 차원에서 전쟁을 수행하는 수준으로 군수부대 측면에서 보면 국방부와 각 군을 지원하는 군수사령부에서 전쟁수행능력을 갖추기 위해 제반 자원을 얼마나, 어떻게 확충할 것인가?에 중점을 두고 임무를 수행한다. 작전적 수준은 전략적 수준

---

10 용병술이란 '국가안보전략을 바탕으로 해서 전쟁을 준비하고 수행하는 활동으로서 국가안보 목표를 달성하기 위한 군사전략, 작전술, 전술을 망라한 이론과 실제'이며, 용병술체계는 '국가목표를 달성하기 위해 국가통수기구로부터 전투부대까지 군사력을 운용하는 군사전략, 작전술, 전술의 계층적 연관체계'를 말한다. 육군본부, 『야전교범 3-0-1 군사용어사전』 (대전: 교육사령부, 2012), p. 350.

과 전술적 수준의 중간수준으로 이 두 개의 수준을 연계시키는 역할을 하는데 군수부대 측면에서 보면 작전사령부를 지원하는 군수지원사령부 차원에서 전략적 수준의 획득과 전술적 수준의 분배 및 지원활동을 연결시키는 역할을 수행한다. 전술적 수준은 작전목표 달성을 지원하기 위해 군단 이하의 전술제대가 전투를 계획하고 수행하는 수준으로 군수부대 측면에서 보면 군단 군수지원여단 이하의 제대에서 수행하는데, '전투와 교전을 수행하기 위한 필요자원을 어떻게 지원할 것인가?'에 중점을 두고 전술제대가 전투력이 충분히 유지될 수 있도록 지원하는 활동을 한다.[11] 본 연구는 이 세 가지 수준의 군수부대를 대상으로 구조변화를 분석하였다.

상기 분석을 통해 한국육군의 군수부대는 군구조와 군수지원체제 발전과 연계해서 변화되었음을 밝혀내고, 변화의 영향요소인 군구조와 군수지원체제 발전방향과 이러한 발전방향에 따른 한국육군의 군수부대 발전방안을 제시하고자 한다.

여기서 언급되는 연구자료들은 비문성 자료를 인용하는 것이 제한되어서 국방부사, 육군 변천사, 군수 변천사, 육군 야전교범 내에 활용 가능한 자료에 대해서 군의 승인을 받아서 제시하였으며, 국내외 최신 연구, 세미나 자료 등과 같은 2차 자료들을 종합적으로 검토한 것으로 본 연구에서 제시하는 내용은 군의 의견이 아닌 개인적인 연구결과임을 밝혀둔다.

---

11   육군본부, 『야전교범 기준-6-1 작전지속지원』(대전: 교육사령부, 2018), pp. 1-14~15.

3. 책의 기술 범위 및 방법

이 책의 기술 범위를 시대적 및 내용적 측면으로 구분해 보면 첫째, 시대적 범위는 해방 이후 한국군이 창군된 시기부터 2023년 현재까지로 하였다. 그래서 한국군의 군수부대 구조가 창군 시부터 현재까지 어떻게 변화되어 왔는지를 분석하였다. 시기별 구분 관련해서 국방부는 국방 발전과정을 기준으로 6단계[12]로 구분하였고, 육군본부는 군수발전과 연계하여 5단계[13]로 구분하였다. 본 연구에서는 앞의 분류방법을 면밀히 검토하고 군수지원체제 및 군수부대 구조발전을 고려해서 4단계로 구분하여 적용하였다. 1단계는 건군기로 창군 이후 미국의 군사원조가 진행됐던 1964년까지이며, 2단계는 국방체제정립기로 미국의 군원

---

12 건군기(1945~1950), 전쟁 및 전후복구기(1950~1961), 국방체제정립기(1961~1971), 자주국방기반조성기(1972~1980), 자주국방강화기(1981~1990), 국방태세발전기(1991~현재)의 6단계로 분류하였다. 국방부, 『건군 50년사』(서울: 국방군사연구소, 1998), pp. 1~7.

13 창군에서 한국전쟁기(1946~1953), 휴전과 미 군사원조기(1953~1964), 군원이관 및 월남파병기(1965~1974), 자주국방기반조성기(1975~1981), 군 현대화 및 자립적 군수지원태세 정착기(1982~1995)의 5단계로 분류하였다. 육군본부, 『군수변천사』(대전: 교육사령부, 1996), pp. 3~9.

이 이관되고 월남파병이 이루어지면서 국방체제가 정립되었던 1965년부터 1981년까지이고, 3단계는 자주국방기로 1982년부터 2005년까지 기능별로 군수지원을 실시했던 시기이며, 4단계는 국방태세발전기로 2006년부터 2023년 현재까지 국방개혁에 의해서 군수부대가 편성되고 발전하는 시기로 구분하였다. 국방부나 육군본부의 기존 구분과 달리 본 연구에서 시기를 또다시 4단계로 구분해서 분석하는 이유는 각 시기마다 군수지원체제 및 군수조직상의 변화가 급속히 일어나는 사실상의 전환점이 있었기 때문이다.

둘째, 내용적 범위는 한국군 군수부대를 군별로 구분하면 육군, 해군, 공군의 군수부대로 구성되는데, 본 연구는 이 중에서 육군의 군수부대를 대상으로 분석하고자 한다. 이러한 육군은 제대별로 보면 육군본부부터 소대, 분대까지 다양한 제대가 존재하는데, 이러한 제대 중에서 실제적으로 군수부대의 지원을 받을 수 있는 부대로 육군본부부터 연대까지의 군수부대로 한정해서 연구하였다.

기술 방법과 관련 본 책자는 총 6개의 부로 구성되어 있다. 본문의 제1부에서는 전쟁 승리를 위한 군수부대의 중요성과 기존 연구 분석을 통한 군수부대 구조 최적화 영향요인을 선정하고 분석하는 방법을 설명하였다. 또한, 책자의 기술 범위 및 방법, 본 연구와 관련된 용어들을 정리하여 제시하였다.

제2부는 제1부에서 제시한 분석요소에 따라서 건군기(창군~1964)에 국내외 안보환경요인과 군내 군사안보환경요인, 육군의 군구조와 군수지원체제 변화가 육군의 군수부대 변화에 어떻게 영향을 주었는지를 분석하였다.

제3부는 국방체제정립기(1965~1981), 제4부는 자주국방기(1982~

2005), 제5부는 국방태세발전기(2006~2023)에 각 시기별로 제2부에서 분석한 틀로 군수부대 구조변화 영향요인에 대해서 분석하고, 도출된 결과를 제시하였다.

제6부에서는 앞에서 건군기, 국방체제정립기 등 4개의 시기별 군수부대 구조변천에 대해서 고찰한 결과를 종합해서 분석하였다. 이후 미래 육군 군수부대의 완전성을 위한 제언을 위해서 미래 안보환경 변화에 대해서 고찰한 후에, 군수부대 구조변화의 핵심 영향요인인 미래 한국군 군구조의 변화방향과 군수지원체제의 발전방향, 이러한 발전방향을 고려한 육군 군수부대 구조의 최적화 방안을 제시하였다.

4. 관련 용어의 정의

1) 군구조 부대구조

(1) 군구조

군구조의 개념을 살펴보기 앞서 먼저 '구조'라는 용어의 사전적 의미를 보면 "부분이나 요소가 어떤 전체를 짜 이룸, 또는 그렇게 이루어진 얼개"[14]로 정의하고 있다. 이러한 정의는 포괄적인 다양한 분야의 특성을 포함하는 개념이라고 볼 수 있다. 김갑진은 구조의 개념과 관련하여 "사회학에서 구조는 폭넓게 사용되고 있는 개념으로, 일반적이거나 특수한 의미로 사용되고 있어서 설명하기 어렵지만, 일련의 요소들이 전체를 형성함으로써 요소 단독으로는 소유하지 못하는 새로운 특성을 가지고, 본질을 바꾸지 않고도 낡은 요소를 새로운 것으로 바꿀 수 있으며, 구조의 변형을 내적 관계와 같은 것으로 정의하고 있다. 이와 같이

---

14   이희승, 『국어대사전』(서울: 민중서림, 1994), p. 407.

구조에 관련된 이론들은 다양한 학문의 영역과 분야에서 지속 발전되었다"고 주장하였다.

군구조는 국방 분야에서 특수한 개념으로 발전되고 있는데 군구조에 대한 이론적 논의는 상대적으로 빈약한 실정으로 평가되고 있다. 이원양·장문석은 군구조를 "군사 임무수행에 관련되는 전반적인 군사력의 구성관계를 말한다. 다만 부대구조와 전력구조를 포괄하는 광범위한 영역을 다루는 경우 주로 국방부 및 합참수준의 기능에 해당되는 상위수준의 구조를 지칭하는 것이다"라고 정의하였다. 노양규·신종태·이종호는 군구조란 "국가의 안전보장을 주임무로 하는 일종의 사회구조로서 합법적으로는 군정권과 군령권을 가지며, 정부 및 국방부, 합참, 각군 사령부 및 전투부대 등의 수준으로 분류되는 복합체로서의 구조이다"라고 정의하였다. 군에서는 합동참모본부에서 군구조를 "국방 및 군사 임무수행에 관련되는 전반적인 군사력[15]의 조직 및 구성 관계로서, 육군·해군·공군이 상호 관련되는 체계, 군구조는 지휘구조, 병력구조, 부대구조, 전력구조로 구성된다"[16]라고 정의하고 있다.

위의 정의들을 비교해 보았을 때, 합동참모본부의 정의가 지휘구조와 병력구조까지 포함하는 포괄적이면서도 군의 현실에 적합한 개념이라고 판단된다. 이에 따라 본 연구에서는 군구조를 합동참모본부의 정의를 참고하여 "국방 및 군사 임무수행에 관련되는 전반적인 군사력의 조직 및 구성 관계로서, 육군·해군·공군이 상호 관련되는 체계, 군구조

---

15 군사력은 "국가의 안전보장을 위한 직접적이며 실질적인 국력의 일부로서, 군사작전을 수행할 수 있는 군사적인 능력과 역량"이라고 정의된다. 합동참모본부, 『합동교범 10-2 합동·연합작전 군사용어사전』, p. 55.

16 합동참모본부, 『합동교범 10-2 합동·연합작전 군사용어사전』, p. 51.

는 지휘구조, 병력구조, 부대구조, 전력구조로 구성된다"라고 정의한다.

(2) 부대구조

부대구조의 개념과 관련해서 이원양 · 장문석은 부대구조를 "방위력을 이루고 있는 부대의 수, 크기, 구성관계, 부대유형의 결정에 관한 내용을 뜻한다. 이는 군구조의 하위수준으로서 전력구조를 포함하는 개념으로 보아야 한다"라고 설명했다. 이 개념은 부대구조가 전력구조를 포함하는 광범위하고 포괄적 개념으로 보고 있는 것이다. 미국 합참에서는 '방위력을 이루고 있는 부대의 수, 크기, 부대의 구성으로 예를 들면 사단, 함정, 비행단을 구성하는 관계'[17]라고 정의하였다. 국방부에서는 '국방부에서 승인된 정원을 기초로 지휘부대, 전투부대, 전투지원부대, 군수지원부대, 행정지원부대로 구분해서 전투력 발휘가 용이하도록 지휘 제대별로 형성된 체계'[18]로 정의하였다. 합동참모본부에서는 부대구조를 '전투력 발휘가 용이하도록 지휘통제부대, 전투부대, 전투지원 및 전투근무지원부대, 교육훈련부대로 구분하여 단위제대별로 운용 개념에 맞게 부대를 편성하고 지휘관계 등을 설정한 체계'[19]라고 정의하였다.

이러한 정의 중에 국방부의 정의가 부대구조를 전력구조와 구분된

---

17   The Joint Chiefs of Staff, *Dictionary of Military and Associated Terms* (1986), p. 225.

18   국방부, 『국방과학기술용어사전』, http://dtims.dtaq.re.kr.8070/search/main/index.do, 2022. 5. 27.

19   합동참모본부, 『합동교범 10-2 합동 · 연합적전 군사용어사전』, p. 51.

개념으로 명확하게 정립하고 있어서 이를 참고해 부대구조란 '국방부에서 승인된 정원을 기초로 지휘부대, 전투부대, 전투지원부대, 군수지원부대, 행정지원부대로 구분해서 전투력 발휘가 용이하도록 지휘 제대별로 형성된 체계'라고 정의한다.

이러한 부대구조를 전쟁 수행 수준에 따라 분류한다면 전략적 수준, 작전적 수준, 전술적 수준의 세가지로 구분된다. 이러한 용어들은 정의를 하기보다는 이해를 돕기 위한 설명만 하고자 한다.

전략적 수준은 군사력을 건설하고 운용하여 전쟁을 수행하는 수준으로 수행제대는 국가통수 · 군사지휘기구, 합동참모본부이다. 작전적 수준은 전술적 수단들을 조직하고 연계시켜 전역과 대규모 작전을 수행하는 수준으로 수행제대는 한미연합군사령부, ○○작전사령부이다. 전술적 수준은 전투력을 조직 및 운용하여 전투와 교전을 시행하는 수준으로 수행제대는 군단, 사단급 이하 제대가 해당된다.

이 중 전술적 수준의 부대를 구분할 때 편조부대, 기본전술제대, 편성부대, 단위부대의 개념을 이해할 필요가 있다. 편조부대의 편조는 '서로 다른 병과의 부대를 특정기간 동안 전투편성한 부대의 구성'으로, 편조부대는 '예를 들어 전차부대와 기계화보병부대 또는 전차부대와 보병부대가 작전수행시 상호 약점을 보완하기 위해 예하부대의 일부를 교환하여 운용하는 것'을 말한다.[20] 이러한 편조부대의 성격을 가진 대표적인 부대가 군단이다.

기본전술제대(Basic tactical unit)에 대해서는 개념적으로 정의된 내용이 없다. 그러나 그 의미를 풀이해 보면, 전술적 수준에서 운용되는 가

---

20 육군본부, 『기준교범 0-3 군사용어』(대전: 교육사령부, 2017), p. 206.

장 기본이 되는 제대라는 의미로서 '전술'이라는 단어와 '기본제대'라는 두 개의 단어가 조합되어 있다. '전술'은 앞에서도 일부 언급하였지만 '작전목표를 달성하기 위해 전투와 교전을 통해 실제 군사활동을 수행하는 술(Art)과 과학(Science)'을 말한다. '기본제대'라는 것은 '중심과 기준이 되는 제대', 또는 '바탕이 되는 제대'라는 의미를 가지고 있다. 따라서 전술기본제대는 '전술적 수준에서 부대 운용의 중심이 되면서 허브(Hub)로서의 역할을 하는 제대'이다. 이러한 기본전술제대의 성격을 가진 부대가 보병사단으로 창군 이후 현재까지 변함없이 유지되고 있다.

편성부대는 '2개 또는 그 이상의 단위부대로 구성된 부대, 편성부대에는 보병연대, 전차대대, 기계화보병대대, 포병대대 등과 같이 작전지속지원 측면에서 편성부대 본부와 예하 단위부대에 작전지속지원을 할 수 있는 기능을 갖춘 부대로서 어떠한 부대와도 지휘 및 지원관계에 의해 융통성 있게 전투편성하여 운용할 수 있는 부대'이다.[21] 즉, 자체적으로 작전지속지원 능력을 갖추고 독립적인 전투수행능력을 갖춘 최하위의 부대로서 임무수행을 고려하여 편제표[22]를 부여하는 최하위의 부대이다. 이러한 편성부대의 대표적인 부대가 보병연대로서 현재는 보병여단으로 개편이 이루어졌다.

단위부대는 '편성부대 예하의 건제부대로서 자체 작전지속지원 기능과 능력이 부족하여 상급 편성부대로부터 작전지속지원을 받는 부대, 보병대대, 포대, 전차중대, 기계화보병중대 등과 같이 단위부대는 통상적으로 상급 편성부대와 분리해서 운용하지 않으며 불가피하게 타 부대

---

21 육군본부, 『기준교범 0-3 군사용어』, pp. 205~206.

22 편제표(Task Organization)는 임무수행에 적합하게 편성된 병력 및 장비를 총괄적으로 표기한 문서이다. 육군본부, 『기준교범 0-3 군사용어』, p. 206.

와 지휘관계 또는 지원관계를 설정해서 운용할 경우에는 별도의 작전지속지원에 관한 조치를 취하여야 하고 제한된 기간 내 운용하여야 하는 부대'이다.[23] 단위부대 이하의 부대는 자체적으로 작전지속지원 능력이 없으며 유사시 상급부대로부터 작전지속지원부대를 지원받아서 전투와 교전을 실시해야 한다. 이러한 단위부대의 대표적인 부대가 보병대대이다.

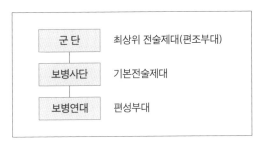

〈그림 1-1〉 전술제대 주요부대의 구분

〈그림 1-1〉에서 보는 바와 같이 전술제대는 전술적 수준에서 전투와 교전의 중심이 되면서 허브(Hub)로서의 역할을 하는 제대인 기본전술제대가 있는데 이 제대에 핵심 군수부대가 편성된다. 이러한 기본전술제대의 상위부대로서 기본전술제대와 기타의 전술제대를 편조해서 최상위 전술을 구사하는 최상위 전술제대가 있으며 이 제대에는 군수부대도 유사시 편조 개념으로 편성되어 운용된다. 기본전술제대 예하로서 최소한의 독립작전수행이 가능하도록 최소의 군수부대가 편성된 편성부대가 있다.

---

23   육군본부, 『기준교범 0-3 군사용어』, p. 44.

2) 군수와 군수부대 구조

(1) 군수

군수의 개념과 관련 사전적 의미로는 '물자와 인력이 조달, 분배, 유지되고 교체되는 군사작전의 한 측면'[24]과 '군사물자, 시설 및 인력의 조달, 분배, 유지와 수송을 다루는 군사과학의 한 측면'[25]이라고 정의하고 있다. 관련 학자들의 주장을 살펴보면 조미니(A. H. Jomini)는 군수를 '군대를 실질적으로 이동시키는 술(Art)'[26]로 정의하였다. 에클스(Henry E. Eccles)에 의하면 군수란 '국가의 경제와 군사력 운용을 연결시켜 주는 과학(Science)이면서 술이고 과정(Process)'[27]으로서 "군수는 국가경제와 군사력의 전술적 운용을 연결시키고, 이들을 동시에 추구해야 하는 이중성을 갖고 있다"[28]라고 주장하였다.

반면에 휴스톤(James A. Huston)은 "국제정치가 가능성의 기술이고, 전쟁이 그의 도구라면, 군수는 그 가능성을 규명하고 확장시키는 술이다."[29]라고 강조하였다. 비글로우(John Bigelow)는 술적인 영역은 위험을 수

---

24 *American Heritage Dictionary*, 4th ed. (Boston: Houghton Miffin Co., 2002).

25 *Merriam-Webster's Collegiate Dictionary*, 10th ed. (Springfield: Merriam-Webster Inc, 1998).

26 Beron de Jomini, *The Art of War: A New Edition, with Appendices and Maps*, Trans. G. H. Mendell and W. P. Craighill (Westport, C.T.: Greenwood Press, 1971), p. 69.

27 Henry E. Eccles, *Military Concepts and Philosophy* (New Brunswick, N.J.: Rutgers University Press, 1965), p. 103.

28 Henry E. Eccles, *Military Concepts and Philosophy*, p. 75.

29 James A. Huston, *The Sinews of War: Army Logistics 1775-1953* (Office of the Chief of Military History, U.S. Army, 1966), p. 8.

반하지만 승수효과를 극대화할 수 있고 군대의 목적인 전쟁의 승리를 보장하는 데 있어서 중요한 요소이므로 관심을 가지고 연구해야 할 분야로써, 과학은 학습을 통해서 얻을 수 있지만 술은 경험을 통해서 습득된다고 주장하였다.[30] 크레스(Moshe Kress)는 군수란 "원하는 목표를 달성하기 위하여 군사작전 수행 수단을 지속 유지하는 데 필요한 자원을 다루는 학문적 영역이다. 이러한 자원들에 대한 기획, 관리, 처리 및 통제를 포함한다"[31]고 정의하고 있다.

미 육군에서는 군수란 "전투력의 이동과 유지를 계획하고 운용하기 위한 과학으로서 포괄적인 의미에서 군수는 물자의 설계 및 개발, 획득, 저장, 이동, 분배, 정비, 후송 및 입원, 시설의 획득 또는 건설, 정비, 운용, 배치, 서비스의 획득 또는 제공까지를 포함한다"[32]라고 정의하고 있다. 나토군에서는 군수를 '부대의 이동과 정비 및 유지를 계획하고 운용하는 과학'으로 정의한다.[33]

한국군에서 사용하는 군수의 정의를 살펴보면 국방부는 '무기체계의 연구개발과 장비 · 물자의 소요판단, 생산과 조달, 보급 · 정비 · 시설 · 근무 분야에 걸쳐 장비, 물자, 시설, 자금 및 용역 등 모든 가용자원을 효과적 · 경제적 · 능률적으로 관리하여 군사작전을 지원하는 활동'[34]

---

30 John Bigelow, *Principles of Strategy: Illustrated Mainly from American Campaigns*, 2nd ed. (New York: Greenwood Press, 1968), p. 5.

31 Moshe Kress, *Operational Logistics: The Art and Science of Sustaining Military Operations* (Boston: Kluwer Academic Publishers, 2002), p. 5-14.

32 US ARMY, *FM 4-0 Sustainment* (April 2009), p. 1-4.

33 North Atlantic Treaty Organization (NATO), *AAP-06 NATO Glossary of Terms and Definitions* (NSA, 2021), p. 78.

34 국방부, 『국방과학기술용어사전』(서울: 국방기술진흥연구소, 2021), http://dtims.dtaq. re.kr.8070/search/main/index.do, 2022. 5. 27.

으로 정의하고 있다.

합동참모본부에서는 '넓은 의미의 군수는 군사적 목적을 달성하기 위해 국가자원을 동원하고 사용하는 총체적인 과정으로, 좁은 의미의 군수는 무기체계 연구개발, 장비·물자 소요판단, 생산과 조달, 정비, 보급, 수송, 시설, 근무 분야에 걸쳐 장비, 물자, 시설, 자금, 용역 등 모든 가용자원을 효과적, 경제적, 능률적으로 관리하여 군사작전을 지원하는 제반 활동'[35]이라고 정의한다.

육군에서는 군수를 다양하게 정의하고 있다. 우선 군사용어사전에서는 '무기체계의 연구개발, 장비·물자 소요판단, 생산 및 조달·보급·정비·수송·시설·근무 분야에 걸쳐 물자와 장비, 시설자금, 용역 등 모든 가용자원을 효과적·경제적·능률적으로 관리하여 군사작전을 지원하는 활동'[36]으로 정의하고 있다. 전략군수론에서는 '전략의 가능성을 규정하고, 시간적으로 지속시키며 나아가서는 가능성의 범위를 확대하려는 과학과 술'[37]로서 기술하였다. 군수부대(군수사령부, 군수지원사령부, 군수지원단) 교범에서는 '군사목표를 달성하기 위하여 부대의 임무수행에 필요한 모든 자원을 효과적·경제적·능률적으로 획득하고, 관리 및 운용하여 군사작전을 지원하는 제반 활동'[38]으로 기술하고 있고, 군수업무 교범에서는 군수란 '연구개발, 소요, 조달, 보급, 정비, 수송, 시설, 근무 등의 기능을 수행하여 군사조직의 임무수행에 필요한 장비, 물자, 시설,

---

35 합동참모본부, 『합동교범 4-0 합동군수』(대전: 합동참모대학, 2017), p. 1-5.

36 육군본부, 『야전교범 3-0-1 군사용어사전』, p. 95.

37 육군본부, 『전략군수론』(대전: 교육사령부, 1992), p. 58.

38 육군본부, 『야전교범 4-12 군수부대(군수사령부, 군수지원사령부, 군수지원단)』(대전: 교육사령부, 2011), p. 1-1.

예산, 용역 등의 자원을 지원하는 제반 활동'[39]으로 정의하고 있다.

본 연구는 한국군 군수부대 구조를 연구한다는 점에서 일반 학자들의 정의보다는 군에서 정의하는 개념이 타당하다. 특히 군의 다른 정의보다는 군수부대(군수사령부, 군수지원사령부, 군수지원단) 교범의 정의를 참고하는 것이 적절하다고 판단하였다. 따라서 군수의 정의는 군수부대 교범에 명시된 대로 '군사목표를 달성하기 위하여 부대의 임무수행에 필요한 모든 자원을 효과적 · 경제적 · 능률적으로 획득하고, 관리 및 운용하여 군사작전을 지원하는 제반 활동'으로 정의한다.

(2) 군수부대 구조

군수부대 구조는 '군수'와 '부대구조'라는 용어가 통합되었는데, 군수는 앞에서 정의한 대로 '군사목표를 달성하기 위하여 부대의 임무수행에 필요한 모든 자원을 효과적 · 경제적 · 능률적으로 획득, 관리 및 운용하여 군사작전을 지원하는 제반 활동'이다.

부대구조라는 용어는 국방부에서 '국방부에서 승인된 정원을 기초로 지휘부대, 전투부대, 전투지원부대, 군수지원부대, 행정지원부대로 구분해서 전투력 발휘가 용이하도록 지휘 제대별로 형성된 체계'로 정의하였다.

따라서 군수부대 구조는 앞에서 언급한 '군수'와 '부대구조'라는 용어의 정의를 참고해서 정의한다면 '부대의 임무수행에 필요한 모든 자

---

39   육군본부, 『야전교범 운용-6-11 군수업무』(대전: 교육사령부, 2018), p. 1-10.

원을 효과적·경제적·능률적으로 획득, 관리 및 운용하여 군사작전을 지원하는 제반 활동을 실시하기 위해서 지휘 제대별로 형성된 지원부대 체계'라고 정의한다.

군수부대 구조를 제대별로 보면 군수사령부는 육군의 최상위 군수부대이면서 육군본부 예속부대[40]로서 육군본부 지원계획, 육군 군수지원계획을 수립하고 시행한다. 육군의 소요 및 군수지원능력을 판단하여 육군본부에 보고하고, 육군본부 지침에 따라 부족자원에 대한 동원소요 제기, 비축, 전시조달계획 수립 및 시행 등을 통해 적정수준의 자원을 확보하고 관리하여 즉각 지원할 수 있도록 준비한다.

군수지원사령부는 작전사령부의 예속부대로서 작전사령부의 군수지원계획을 수행하고 지역지원 개념에 의해서 책임 지역 내 육군, 해군, 공군부대를 지원한다.

군단 예속부대로 전방군단에는 군수지원여단, 후방 및 기동군단에는 군수지원단이 편성된다. 이 부대들의 임무는 군단 군수지원계획을 시행하고, 군단 예하부대의 책임지역 내 육군, 해군, 공군부대를 지원한다.

군수지원대대는 상비사단 및 여단, 전시에 완전편성 되는 동원사단의 예속부대이다. 사단과 여단이 보유한 장비에 대한 야전정비지원과 7·9종 및 정비공구의 보급지원, 1·2·3·4종[41] 보급 및 근무지원, 수송지원 업무를 수행한다.[42]

---

40 예속부대는 특정한 상급부대에 비교적 영구적으로 소속되는 부대로서, 예속된 상급부대에 의하여 지휘·감독을 받으며, 예속관계는 일반명령에 의해 지정된다. 육군본부, 『야전교범 3-0-1 군사용어사전』, p. 225.

41 1종은 식량, 2종은 피복류, 3종은 유류, 4종은 건축자재, 7종은 주요완제품, 9종은 수리부속을 말한다. 국방부, 『군수품 관리훈령』, http://law.go.kr, 2022. 5. 31.

42 육군본부, 『야전교범 운용-6-41 군수부대』(대전: 교육사령부, 2016), pp. 1-2-1-34.

이러한 군수부대 구조를 전쟁 수행 수준에 따라 분류한다면 전략적 수준, 작전적 수준, 전술적 수준의 세 가지로 구분된다. 전략적 수준의 군수부대는 국방부와 각 군을 지원하는 군수사령부이며, 작전적 수준의 군수부대는 작전사령부를 지원하는 군수지원사령부이고, 전술적 수준의 군수부대는 군단 이하의 전술제대를 지원하는 군단 군수지원여단 이하의 군수부대들을 말한다.

3) 군수지원 및 군수지원체제

(1) 군수지원

군수지원 개념은 육군의 야전교범에 주로 정의가 되어 있다. 군수업무 교범에서는 '부대 운영과 유지, 작전활동에 필요한 자원의 보급, 정비, 수송, 시설, 근무를 적시, 적소, 적량 지원을 보장하는 데 목표를 두고 제공하는 제반 활동'[43]으로 정의하고 있다. 군수부대(군수사령부, 군수지원사령부, 군수지원단) 교범에서는 '전장실상을 고려 장비, 물자, 시설, 근무에 대한 소요를 사용부대 중심으로 사전에 예측하여 확보하고, 소요발생에 따른 전 지원요소를 통합해서 적시·적소·적량을 추진하여 전투부대의 전투지속능력을 보장함으로써, 전투부대가 전투에만 전념할 수

---

43   육군본부, 『야전교범 운용-6-11 군수업무』, p. 1-10.

있도록 지원하는 것'[44]이라고 기술하였다. 또한, 군수부대 교범에서는 '지원소요를 예측 및 확보하고, 가용한 지원요소를 통합 운용하며, 적시적인 군수지원과 생존여건 향상 활동'[45]으로 언급하고 있다.

이러한 정의 중에 본 연구가 제대별 편성된 군수부대에 대한 연구인 점을 감안하여 군수지원의 정의는 군수부대(군수사령부, 군수지원사령부, 군수지원단) 교범에서 언급된 대로 '군수지원은 전장실상을 고려하여 장비, 물자, 시설 및 근무에 대한 소요를 사용부대 중심으로 사전에 예측하여 확보하고, 소요발생에 따른 전 지원요소를 통합해서 적시·적소·적량을 추진하여 전투부대의 전투지속능력을 보장함으로써, 전투부대가 전투에만 전념할 수 있도록 지원하는 것'이라고 정의한다.

(2) 군수지원체제

군수지원체제는 '군수지원'이라는 용어와 '체제'라는 용어가 합성된 단어이다. '군수지원'이라는 단어는 앞에서 정의하였으므로 '체제'라는 용어의 정의를 살펴보면 국어사전에서는 '사회를 하나의 유기체로볼 때, 그 조직이나 양식, 또는 그 상태를 이르는 말'[46]이라고 되어있다. 21세기 정치학대사전에서는 "체제의 개념은 다의적이며 그 용법도 다양하다. 자본주의체제, 봉건체제, 사회주의체제라는 용법의 경우 어떤

---

44   육군본부, 『야전교범 4-12 군수부대(군수사령부, 군수지원사령부, 군수지원단)』, p. 1-1.

45   육군본부, 『야전교범 운용-6-41 군수부대』(대전: 교육사령부, 2018), p. 3-1.

46   국립국어원, 『표준국어대사전』(서울: 국립국어연구원, 2008), https://stdict.korean.go.kr/m/main/main.do, 2022. 3. 27.

사회를 규정하고 정통화하는 가치, 규범, 제도의 총체로서 이해된다"[47]고 언급하고 있다.

그렇다면 '군수지원체제'라는 용어에 대해서 살펴보면, 이 용어가 정의된 문헌은 3건이 있다. 먼저 박양대(2014)는 "유형별 부대의 전략 및 전술 지원에 요구되는 물자 · 장비 · 시설 등을 획득하고 관리 및 운용하기 위하여 군수의 주기능인 보급과 정비, 수송기능을 통합하여 전투수행을 지속적으로 보장하기 위한 군수지원 활동"이라고 정의하였으며, 손병식(2013)은 "보급지원체제 관리조직을 의미하고, 하드웨어적인 것"이라고 정의하였다. 육군은 "군수조직의 상호관계를 체계화함으로써 효율적인 군수지원이 되도록 조정 · 통제 · 감독할 수 있는 제도"[48]라고 정의하였다.

문헌을 분석한 결과 박양대의 정의는 군수지원체제를 군수품의 획득, 관리, 운용과 보급, 정비, 수송기능 활동으로 한정하였고 군수품의 분배, 저장, 근무 기능을 누락하였다. 또한, 군수지원활동으로 표현하여 체제의 의미인 조직과 제도 부분이 표현되지 않았다. 손병식의 정의도 군수지원체제를 보급지원, 관리조직, 하드웨어로 너무 한정해 표현하고 있는 측면이 있다. 육군의 정의가 군수지원체제의 전반적인 요소를 포함하여 적절하게 언급하였다고 판단된다.

따라서 군수지원체제의 정의는 육군 개념대로 "군수조직의 상호관계를 체계화함으로써 효율적인 군수지원이 되도록 조정 · 통제 · 감독할 수 있는 제도이다"라고 정의한다.

---

47   정치학대사전편찬위원회, 『21세기정치학대사전』(서울: 아카데미아리서치, 2002), p. 2342.
48   육군본부, 『야전교범 기준-6-1 작전지속지원』, p. 2-51.

제2부

건군기
(창군~1964)

1. 국내 · 외 안보환경

1) 한반도 안보환경

제2차 세계대전의 종료가 임박하면서 미 · 영 · 불 · 소 연합국측은 1943년 카이로 선언과 1945년 포츠담회담을 통하여 전후처리에 관한 제반문제를 협의하였으며, 전쟁이 종료 시 한국에 관한 문제는 한반도에 독립된 국가를 수립할 때까지 국제신탁통치를 하기로 원칙적인 합의하였다. 그러나 1945년 8월 10일 일본이 무조건 항복의사를 표명해오자 한반도에 대한 군사작전을 준비하고 있던 미국의 정책은 군사점령으로 변경되면서 38도선을 기준으로 미 · 소에 의한 분할점령을 결정하였다. 동년 8월 15일 일본의 정식항복으로 한반도는 일본의 식민통치로부터 해방되었으나, 연합군의 결의안에 따라 한반도의 남 · 북에 미군과 소련군이 각각 주둔하면서 군정이 실시되었다.[1]

이 시기에 남한지역은 식량과 주택 사정 등 경제여건이 곤란하였

---

1   육군본부, 『군수변천사』, p. 1004-27.

는데, 미군은 이를 수습하기 위해서 군정 4년간 경제적 원조를 제공하였다. 대한민국 정부가 1948년에 수립되었고, 1949년 미군이 한반도를 철수하였으며, 1950년 1월 미 국무장관 애치슨이 이른바 애치슨 선언[2]을 함으로써 미국의 태평양 방위선에 한반도가 제외되는 상황이 발생하였다. 북한은 애치슨 선언으로 '북한이 남한을 침공하여도 미국의 무력지원은 없을 것'이라고 오판하게 하는 요인이 되었다.[3]

국내에서는 1950년에 접어들면서 제2대 국회의원 총선거의 시기 문제를 가지고 여·야간 논쟁이 고조되었으나, 정부가 선거일을 1950년 5월 30일로 확정하고 총선거를 실시한 결과 여당이 패배하고 야당과 무소속이 승리하였다. 이에 6월 19일 국회가 개회되고 본격적으로 의회 활동이 시작되려고 할 때인 6월 25일 북한의 불법적인 무력 남침으로 인해 국내정세는 혼란에 빠지게 되었다.

3년 이상 지속되었던 한국전쟁의 휴전이 이루어지면서 정부의 선행과제는 북한의 재침에 대비하기 위해서 국방력을 증강하는 것과 전쟁으로 초토화된 경제를 재건하는 문제였다. 이에 따라 정부에서는 미국 정부와 휴전협정을 수락하기 위한 선행요건으로 합의한 한·미 상호방위조약을 1953년 10월 1일에 체결하였고 미국의 한국에 대한 군사력 증강과 경제원조를 촉진하는 데 주력하였다. 상호방위조약 체결을 통해서 정부 차원에서 한·미 양국 간에 방위체제의 기틀이 마련되었고, 미

---

2   미국의 태평양 방위선을 알래스카-일본-오키나와-필리핀 선으로 한다고 언명한 것을 말한다. 이안태, 『Basic 사회·과학 상식』(서울: ㈜신원문화사, 2007), http://terms.naver.com, 2022. 5. 31.

3   국방부, 『건군 50년사』, p. 96.

국의 한국에 대한 군사적 지원 및 경제원조 제공의 근거가 되었다.[4]

2) 한미동맹의 발전

1945년 8월 한국은 일제로부터 해방된 이후 38도선 이남의 남한지역은 미군에 의한 군정이 실시되었다. 당시 미국은 제2차 세계대전 종전 후 급속한 감군과 국방예산의 감축으로 지상 병력이 부족하게 되면서 1949년 6월에 주한미군을 철수시켰다.

1950년 6월 25일 북한군의 기습남침으로 6·25전쟁이 시작되면서 7월 1일에 미군 제24사단의 참전이 이루어졌고, 미군을 포함하여 영국·캐나다·오스트레일리아·터키·필리핀군 등의 파병이 이루어졌다. 유엔안보리 6월 26일자 결의안인 '북한군의 즉시 정전 및 38도선 이북으로의 철수 요구'를 북한군이 무시하고 남진을 계속하자, 안보리는 7월 7일에 결의안 제84호를 통해 효과적인 군사작전을 위해서 미군 지휘 아래 통합사령부로서 유엔군사령부(UNC: United Nations Command)를 창설하도록 하였다. 이 결의안에 의해 트루먼 대통령은 7월 8일 유엔군사령관에 맥아더 원수를 임명했고, 맥아더 유엔군사령관은 참전 16개국의 군대를 지휘했다.

당시 한국군이 북한군 공세로 3일 만에 수도 서울을 빼앗기고 후퇴를 거듭하면서 대전 이남까지 물러서게 되자, 이승만 대통령은 1950년

4　국방부, 『국방사 1950. 6 ~ 1961. 5』(서울: 국방부전사편찬위원회, 1987), pp. 29, 41~42.

7월 14일 한국군의 작전지휘권[5]을 맥아더 유엔군 사령관에게 이양하였으며, 6·25전쟁이 종료된 이후에도 한미 양국은 유엔군에 의한 한국방위를 보장하기 위하여 한국군을 계속 유엔군 사령관의 작전통제권[6] 아래에 두기로 합의하였다.

한미상호방위조약은 한미 정부 간에 휴전협정의 선행요건으로 추진되었으며, 정전협정 직후인 1953년 8월 8일 변영태 외무장관과 덜레스(John F. Dulles) 미 국무장관이 한미상호방위조약을 임시조인한 이후 1953년 10월 1일 워싱턴 D. C에서 한미상호방위조약이 정식으로 체결되었다. 1954년 1월 15일 한국 국회에서 인준되고 7월 한미 정상회담을 거쳐 1954년 11월 18일 상호비준서를 워싱턴 D. C에서 교환함으로써 정식 발효되었다. 이후 한미동맹은 대한민국 안보의 가장 중요한 축으로 작용하면서 한반도의 안정과 평화를 유지하는 핵심적인 역할을 해오고 있다.[7]

---

5   작전지휘권(OPCOM: Operational Command)은 작전 임무를 수행하기 위해 지휘관이 예하 부대에 행사하는 권한을 말한다. 한미연합사, 『연합/합동작전 용어집(제1권)』(서울: 한미연합군사령부, 2020), p. 280.

6   작전통제권(OPCON: Operational Control)은 작전계획이나 작전명령상에 명시된 특정 임무나 과업을 수행하기 위해 지휘관에게 위임된 권한을 말한다. 한미연합사, 『연합/합동작전 용어집(제1권)』, p. 280.

7   국방부, 『국방 100년의 역사』(서울: 국방부 군사편찬연구소, 2020), pp. 331~390.

3) 국방자원의 가용성

　국방자원의 가용성은 국방예산과 상비병력 규모라는 2가지 요소가 어떻게 변화되었는지 살펴보고자 한다.

　국방예산은 액수와 국가경제에서 국방예산이 차지하는 비율이 어떻게 변화되었는지 분석했는데 〈표 2-1〉에서 보는 바와 같이 6 · 25전쟁이 종료되는 시점이었던 1953년에는 830만 원으로 국가경제의 약 7%, 중앙정부예산의 약 54.3%를 국방예산으로 사용하여 정부예산의 50% 이상을 국방비로 사용하였다. 1958년에는 1억 410만 원으로 국가경제의 약 6.1%, 중앙정부예산의 약 21.2%를 사용하였으며, 1964년에는 5억 800만 원으로 국가경제의 약 3.7%, 중앙정부예산의 약 30.4%를 사용하였다.

〈표 2-1〉 한국의 실질 GDP, 중앙정부 재정지출, 국방비(1953~1964)

(단위: 10억 원)

연도	실질 GDP(A)	정부 재정지출		국방비		
		액수(B)	GDP 대비 점유율(B/A)	액수(C)	GDP 대비 점유율(C/A)	정부 재정지출 대비 점유율(C/B)
1953	0.11935	0.0153	12.8	0.0083	7.0	54.3
1954	0.21210	0.0458	21.6	0.0192	9.1	41.9
1955	0.60531	0.1489	24.6	0.0562	9.3	37.7
1956	1.06043	0.2275	21.5	0.0770	7.3	33.9
1957	1.66673	0.2940	17.6	0.0949	5.7	32.3
1958	1.70216	0.3337	19.6	0.1041	6.1	21.2
1959	1.83223	0.3445	18.8	0.1154	6.3	33.5
1960	2.29853	0.3864	16.8	0.1352	5.9	35.0

연도	실질 GDP(A)	정부 재정지출		국방비		
		액수(B)	GDP 대비 점유율(B/A)	액수(C)	GDP 대비 점유율(C/A)	정부 재정지출 대비 점유율(C/B)
1961	3.10700	0.5892	19.0	0.1710	5.5	29.0
1962	4.42630	0.8894	20.1	0.2481	5.6	27.9
1963	8.13998	1.2544	15.4	0.3203	3.9	25.5
1964	15.08764	1.6728	11.1	0.5080	3.7	30.4

출처: 이필중, "한국 국방예산의 소요와 배분에 관한 연구(1953~현재)"(서울: 한국 국방연구원, 2014), p. 188.

상비병력 규모는 6 · 25전쟁이 시작될 당시 한국군은 8개 보병사단 10만여 명에 불과했으나 휴전이 성립된 후인 1953년에는 70.6만 명, 휴전의 지지와 미군철수를 전제로 미국 측과 합의된 전력증강계획에 따라 20개 사단으로 증강되면서 1957년에는 72만 명 수준으로 증가되었다. 한국군의 확장은 미국의 한반도에 대한 군사정책에 의해 취해진 결과로 휴전 후 대부분의 미군과 유엔 참전군이 철수한 경우를 고려하여 적의 재침을 방지할 대체전력을 유지할 목적으로 이루어졌다. 이 당시 한국군의 운영유지 예산은 거의 미군의 군사원조에 의해 충당되었기 때문에 한국군의 병력 증가는 미군 측 입장에서는 재정적 부담으로 작용하게 되었다. 1957년도에 미 의회에서 국내 복지예산을 증가시키고, 대외 원조정책은 재검토 후 관련 예산을 삭감하라는 요구에 따라 미국이 한국군의 감군을 요구하였다.[8] 이에 따라 1958년부터 한국군 상비병력 감축이 추진되면서 1961년에는 60만 명 수준으로 감소되었다.[9]

---

8   육군본부, 『육군 무기체계 50년 발전사』(대전: 교육사령부, 2001), pp. 289~290.

9   국방부, 『국방백서 2018』(서울: 국방부, 2018), p. 89. 제2절 상비병력 감축 및 국방인력구조

국방자원은 예산 측면에서 보면 국가경제 자체가 열악하여 예산규모가 적을 수밖에 없었고, 국가경제 대비해서 국방예산은 지속 감소했고 중앙정부예산 대비해서도 감소추세를 나타냈다. 병력 측면에서는 1957년까지 72만 명 수준으로 증가했다가 미국의 재정부담으로 감축이 시작되어 1960년대 초에 60만 명 수준으로 감소하였음을 알 수 있다.

개편.

2. 군내 군사안보환경

해방 다음 해인 1946년 1월에 국방경비대를 창설하였으며, 국군조직법이 1948년 11월에 공포되고 국방부 직제령이 제정되면서 대한민국의 국군이 탄생하였다. 그러나 미군정에 의해서 미 군사고문단 요원들이 한국군에 배치되어 한국군의 부대운영에 관여하였다. 휴전 후에 주한 미군이 2차에 걸쳐서 철수하게 되자 미 군단에 배속되어 있었던 한국군 군단 및 사단의 작전권을 한국군이 이양받게 되었고, 육군은 국방태세를 강화하기 위해 보병사단을 추가 창설하고 작전지휘와 교육훈련 및 군수분야 등에 대한 체제 정비를 시작하였다.[10]

---

10   국방부, 『국방 100년의 역사』, pp. 67~77.

1) 군사전략의 변화

건군기에 육군은 군사교리가 정립되어 있지 않았으며 미군의 교리를 그대로 모방 답습하였다. 우리 군은 1980년대 초반까지 북한군 대비 50% 수준의 열세한 전력[11]으로 북한의 적화 야욕에 대응하기 위해서 방어작전 위주로 군사력을 건설 및 운용할 수밖에 없었으며, 한미 연합방위체제[12]를 근간으로 국가방위를 수행하였다.[13]

이 시기 미군은 핵무기에 의존한 군사전략을 추구함에 따라서 재래식 전쟁은 제2차 세계대전 당시의 화력을 사용한 소모전 성격의 전술교리에 주력하였다. 화력 소모전 교리는 적의 전투력 격멸에 목표를 두고 주요수단으로 화력에 의존하되, 기동은 단순한 병력의 배비나 화력수송수단으로만 활용되었다. 병력 대 병력의 대결 추구를 통해 일정한 전선을 유지하게 하는 것은 효과적인 화력지원을 위한 필수적 요소였다. 전쟁 양상은 장기적인 진지전의 양상을 띠었으며, 그 특징은 누진적 파괴와 쌍방의 피해가 극심하다는 것이었다. 그러므로 이러한 피해비용을 감당할 수 있었던 자원부국이나 월등한 군사력을 보유했던 국가만이

---

11 북한 대비 한국군 전력은 1973년 50.8%, 1981년 54.2%, 1986년 60.4% 수준이었다. 국방부, 『국방백서 1991~1992』(서울: 국방부, 1992), pp. 125~137; 국방부, 『국방백서 2018』, pp. 146~155.

12 한국군의 작전지휘권은 1950년 7월 14일 유엔군사령관에게 이양되어, 1954년 한미 상호방위조약에서 작전통제권으로 명칭이 변경되었고, 1978년 11월 연합사령부(CFC)가 창설되면서 한국군 작전통제권을 유엔군사령관에서 연합군사령관에 이양해 현재까지 전시 작전통제권은 연합군사령관에게 있다. 육군본부, 『육군 교리발전사』(대전: 교육사령부, 2012), p. 2-2.

13 육군본부, 『육군 교리발전사』, p. 2-2.

사용할 수 있는 교리였다.[14]

이러한 미군교리에 기초를 둔 한국군의 군사전략 운용개념은 한반도에 전쟁이 발발 시 미국을 중심으로 한 민주진영과 연합해서 공동작전을 수행하는 연합전략을 구상하되, 내부적으로는 화력소모전 교리에 의한 진지전을 수행하는 38도선 방어계획을 수립하였다. 이 계획은 38도선 지역을 주저항선으로 선형방어를 실시하겠다는 개념으로, 전면전이 발발 시에 단계선에 의한 축차방어 개념을 적용해서 주저항선 전투를 실시하되 단계선상에서 최대한으로 지연전을 편 후, 증강되는 미 증원군 전력에 의해 침략군을 격퇴하는 작전운용 개념을 적용하였다.

2) 과학 및 무기체계 발전

국군이 창설 당시인 1946년 경비대의 무장은 일본군으로부터 회수한 무기 및 장비를 지급하였는데 38식 소총과 99식 소총 등 소화기 위주로 무장이 이루어졌다.

1948년 대한민국 정부가 수립되고 육군이 창설될 당시는 미 군정 체제하의 2년 8개월(1946. 1. 15 ~ 1948. 8. 5) 만에 정규군으로 출범하면서 미군으로부터 인계받은 무기 및 장비를 가지고 부대가 증편과 개편을 실시하였다. 창설 당시는 병력 증강과 부대증편에 치중된 외형적인 성

---

14 Edward N. Luttwark, "The Operational Level of War," *International Security*, Vol. 5, No. 3 (Winter 1980-1981), pp. 61-79.

장에 불과했을 뿐 무기 및 주요장비의 부족으로 전방지역의 38도선 경비사단을 제외한 기타부대들의 전력수준은 매우 낮은 형편으로 전투력 발휘가 곤란한 상태였다.

이러한 상황에서 대한민국 정부는 주한 미군 철수 후 북한의 도발에 단독으로 대비할 수 있는 전력증강을 위한 국방계획을 수립하였는데 주요 골자는 미군이 철수하기 전에 중무장한 10만 명 규모의 병력을 확보하는 것이었다. 그러나 미국의 도움 없이는 이의 실현이 불가능했기 때문에 당시 이승만 대통령은 미국에 특사를 파견하는 등 꾸준한 외교 활동을 전개하면서 직접 트루먼 미 대통령에게 많은 군사원조를 요청하기도 했으나 이 당시 미국의 기본입장은 주한미군을 철수시키면서 한국의 지상군 5만 명을 경무장시킬 수 있는 무기와 6개월분의 탄약 및 부품을 무상으로 원조한다는 방침을 고수하고 있었다.

그후 미국 정부는 한국군의 지상군을 6만 5천 명 수준까지 증강시키는 것을 양해하고 1949년 미군이 철수할 때 약 5,600만 불 상당의 무기와 장비를 한국군에 이양하였다. 미군 철수 시 한국군에게 제공된 무기 및 장비는 M1 소총, 칼빈소총, M7 유탄발사기, M8 유탄발사기, 30구경 자동소총, 30구경 경기관총, 50구경 중기관총, 2.36인치 로켓발사기, 57mm 대전차포, 구경 40mm 대공포, 60mm 박격포, 81mm 박격포, 105mm 곡사포와 2 1/2톤 카고, 1/4톤 트럭 등으로 육군을 경무장시킬 수 있는 수준이었다.

6·25전쟁 기간 중 육군의 전력증강은 1950년 7월 8일, 유엔군사령관 맥아더로부터 유엔지상군의 작전지휘권을 부여받은 미 제8군사령관 워커는 7월 14일부로 한국군에 대한 지휘권도 부여받았다. 이렇게 되자 미 군사고문단은 미 제8군 예하의 주요 기관이 되었으며 이때부터

한국군을 지원하는 임무를 수행하였다. 따라서 6 · 25전쟁 기간 중 한국 군은 각급제대 미 군사고문단의 승인하에 초도보급과 재보급에 필요한 군수품 소요를 신청하였으며, 미 군사고문단은 이를 종합 판단한 후에 8군에 신청하여 공급받은 군수품을 한국군에게 지급하고 그 운용을 감독하였다. 전방사단의 전투부대는 탄약과 유류를 비롯한 공병, 통신 등의 전투 긴요 품목 일부를 미군의 야전창에서 직접 지원을 받았는데 보급지원 결과는 각급제대 미 군사고문단을 통해 보고함으로써 정산이 이루어졌다.

개전 초 전투력을 거의 상실한 한국군이 비교적 빠른 기간에 재편성을 이룰 수 있었던 것은 전쟁이 시작되면서 우리 국군의 작전지휘권을 유엔군사령관에게 넘겨 줌으로써 미국은 전쟁기간 한국군에 대해 미군과 거의 같은 수준으로 직접적인 군사지원을 제공했기 때문이다. 6 · 25전쟁 기간 중 한국군에게 추가 보급된 무기는 3.5인치 로켓포, 57mm 무반동총, 75mm 무반동총, 4.2인치 박격포, 155mm 곡사포, M36 잭슨전차 등이었다.

그러나 미국의 도움 없이는 총 한 방 제대로 쏠 수 없는 전쟁수행 능력의 절대적 결여 때문에 우리 정부는 전쟁기간을 통해 자기 주장을 할 수 없게 되었고 따라서 한국군에게 제공되는 무기체계는 미국 측의 필요에 의해 제한적으로 제공되었으며, 미 군원에 의존하여 군을 운용했던 상당 기간 동안 육군의 무기체계는 미국이 주는 군원장비에 의존하여 변천하게 되었다.

한 · 미 상호방위조약이 1953년 10월 미국 워싱턴에서 비준이 이루어지고 10개월 후인 1954년 11월 18일부로 발효됨으로써 한 · 미 양국 간 방위체제의 기틀이 마련되어 미국의 대한 군사원조 및 경제원조 제공의 근거가 되었다. 한·미 상호방위조약은 미국이 한국에 대해서 안보적 보장자의 역할을 해주겠다는 것을 의미하는 것으로서, 그 후 주한 미군의 철군 시에도 한국군에 대해 전력증강 지원을 할 수밖에 없었던 것도 이 조약이 근거로 작용했기 때문에 가능했었다. 이 시기 미 군원으로 도입된 주요 화력장비는 1954년도에 미군 측으로부터 인수하여 육군의 주력 전차로 운용해오던 M4A3 전차에 이어 1959년도에 M47 전차, 1964년도에 M48A1 전차를 획득하였다. 기동장비 중 일반차량의 경우 창군 초 한국전쟁 기간 중에 보급된 G 계열 차량의 대체장비로 1960년대 초에 일본의 도요타자동차에서 생산한 J 계열 차량이 도입되었고, 육군 통신장비 현대화의 일환으로 덩치 큰 SCR 계열의 진공관식 무전 장비를 대체하여 AN 계열의 신형 무전기를 확보하는 등 휴전 이래 처음으로 신형의 무기 및 장비들이 미 군원으로 도입되었다.[15]

이 시기는 한국군이 미 군사원조에 의존하여 운영되었다. 따라서 이 시기에는 미국 측이 주는 대로 받아 쓰기만 하면 되었기 때문에 미국 으로부터 더욱 많은 군수품을 얻고자 하는 데 관심을 기울였고, 장비 및 군수품의 관리 문제에는 별로 주의를 기울이지 않았다. 따라서 국방예산 중에 군수예산은 대부분 미 군원으로 해결되었기 때문에 군수예산에 대한 관심 또한 희박하였고, 군수 및 운영유지에 대한 부분도 관심이 부족하였다.

---

15   육군본부, 『육군 무기체계 50년 발전사』, pp. 199~293.

3. 군구조

    국군이 창설 당시인 1946년 육군의 부대구조는 5개 여단, 15개 연대 및 직할지원부대로 병력은 5만여 명이었다. 그런데 창설 초기 육군이 당면한 가장 중요한 과제는 주한 미군이 철수하기 전에 경비대 체제의 육군부대 편성구조를 정규군체제로 정비하는 것이었다. 육군은 1946년 6월 말까지 대폭적인 부대 증편과 개편을 단행하여 7개 보병연대와 1개 기갑연대를 창설하고 육군의 연대 수를 23개 연대규모로 확장하였다. 1948년 8월 15일부로 대한민국의 정부가 수립됨에 따라 동년 9월 5일부로 미 군정 통제에 있던 조선경비대를 육군으로 개칭하였다. 1949년 5월에 6개 여단을 보병사단(1개 사단은 3개 연대로 편성)으로 승격 개편하였고, 동년 6월에는 2개 사단을 추가 창설하여 〈그림 2-1〉에서 보는 바와 같이 8개 사단 규모로 육군을 증강하였다.

<그림 2-1> 육군 편성표(1949)

출처: 육군본부, 『육군역사일지 1(1945~1950)』(서울: 육군 군사연구실, 1951), p. 270.

6·25전쟁이 발발하자 2개 군단이 창설되었고, 연이어 재편성 과정을 거쳐 5개 사단과 1개 군단이 창설되었다. 휴전 후 전방지역에 2개 보병사단과 2개 군단, 이 부대들을 지휘통제하기 위한 제A야전군사령부를 1953년 12월에 창설하였고, 후방지역에 10개 예비사단과 5개 관구사령부, 이 부대들을 지휘통제하기 위한 제B군사령부를 1954년 10월에 창설함으로써 〈그림 2-2〉에서 보는 바와 같이 전·후방 부대의 임무

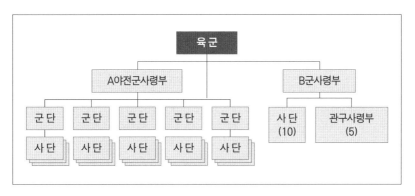

<그림 2-2> 육군 편성표(1955)

출처: 국방부, 『국방백서 2006』(서울: 국방부, 2006), pp. 37~38.

를 구분해서 이원화된 지휘통제체제를 구축하였다.[16]

　건군기에 육군은 군사교리가 제대로 정립되어 있지 않았고 미군의 교리를 그대로 모방하였으며 전략적 수준, 작전적 수준, 전술적 수준의 부대구분과 운영개념이 정립되어 있지 않았다.

16　국방부, 『국방 100년의 역사』, pp. 76~77.

4. 군수지원체제

한국 육군은 1948년 9월 15일 창설 당시에 군수지원체제라 할 수 있는 면모를 갖추지 못했다. 그러나 한국전쟁 간 미군의 지원에 의존하여 군수문제를 해결해 나가면서 자체적인 군수조직을 만들어 나갔으며, 미군의 군수지원체제를 모방하여 병과별 지원체제로 발전시켰다.

병과별 군수지원체제는 군수지원에 있어 병과가 그 병과 고유의 편성과 기능을 가지고 해당 병과 책임하에 군수지원을 제공하는 체제를 말한다. 이 체제는 병과별로 군수지원이 이루어짐에 따라 장점은 단순성, 체계성, 명확성, 전문화, 책임성 등이며, 반면 단점으로는 융통성이 결여되고 비경제적이라고 볼 수 있다.[17]

창군기인 1948년 9월 5일 육군의 군수분야 참모부와 각 기술병과 지원부대는 국방경비대에 대한 군수지원업무를 수행했던 통위부, 남조선경비대 예하의 군수기구와 지원부대를 육군으로 전환하여 편성하였지만, 병과의 미제정으로 조직과 기구의 기능발휘에 제한을 받던 중,

---

17   국방부, 『국방 군수용어사전』(대전: 국방연구소, 2008), p. 160.

1948년 12월 15일 육군조직법이 시행됨에 따라 육군의 14개 병과를 제정하게 되었으며, 이때 군수의 5개 기술병과인 병참, 병기, 통신, 공병, 의무병과가 제정되었다.

이때 과도기적인 조치로서 주한 미군이 철수할 때까지 국방경비대의 군수지원을 전담했던 특별사령부를 그대로 존속시켜 미군사령부 지휘하에 국군의 군수지원업무를 수행토록 하였다.

그 후, 1949년 6월 30일부로 미군이 완전 철수하고 주한 미군사령부가 폐쇄되자 특별사령부를 해체하고 그 예하의 각 병과지원부대를 육군본부 직할로 예속 변경하였다. 군수지원업무는 이에 앞서 1949년 5월 1일부로 육본의 특별참모부로 승격된 병참, 병기, 통신, 공병, 의무의 5개 기술병과감실에서 육본 직할로 전환된 각 병과부대들을 통제하도록 하였다.

이후, 각 기술병과감실은 전군지원을 위하여 기능을 보강하고 구조를 개편하는 등 병과지원체제 확립에 착수하면서 한국전쟁이 발발하였다.

창군 초기 군수지원과 관련해서는 일본군이 두고 간 장비 및 물자와 미군 철수물자를 인수, 개조 또는 수리하여 사용하였으며 일부 급식류 등은 현지조달로 충당하였고, 점차 병과별로 보급시설 및 공창을 설립하여 군수지원을 담당하였다. 군복개조 및 제작을 위한 피복창을 비롯하여 급식, 유류 보급을 위한 보급창, 수송을 관장하는 병참단, 총기 시험제작을 시도하기 위한 병기공창을 1949년 초에 창설하여 육본 통제하에 운영하였다.

1950년 한국전쟁 발발 후 급박한 전황에 따라 육본 군수분야 참모부 요원은 물론 예하 기술병과 지원부대까지 전투에 직접 투입하여 군수지원부대로서 고유 지원기능을 수행하지 못하였다. 이는 부대 창설 후 정비과정에서 전쟁이 발발하여 육군본부의 철수에 따라 단기간에 수원, 대전, 대구를 거쳐 부산까지 계속된 부대이동으로 군수지원부대로서 기능을 갖추지 못했기 때문이었다. 그러나 낙동강 방어선에서 전선이 고착되고 반격으로 전환하면서 한국군의 부대 수와 전투병력이 급속히 증가되어 군수지원대상이 확대됨에 따라 군수지원부대도 계속적인 증편과 창설이 이루어졌는데, 창군 초부터 한국전쟁 기간을 통해 육군의 군수기구와 지원부대 하부조직은 군수품의 분배를 위주로 하는 중앙통제식의 각 병과체제에 의한 지원부대구조로 발전되어 나갔다. 또한 육군 기술병과부대는 당시에 이미 창설되어 있었던 병참, 병기, 통신 등 5개 병과에 추가하여, 1951년 1월에 육군본부 군수국 예하 수송과를 특별참모부로 승격하여 수송감실을 창설하였고, 4월에는 수송병과를 창설하였다. 화학병과는 1953년 9월에 육군본부 화학과를 모체로 육군본부 특별참모부로서 화학감실을 발족시켰다. 한국전쟁 기간에는 미군의 직접지원에 주로 의존하였다. 미군의 지원은 전쟁 전에는 한 · 미 상호방위 원조협정(1950. 1. 26)에 의해 무상군원 되다가, 전쟁 발발 후 군사비 지원체제로 전환되었다. 전쟁물자 및 장비는 주한 미군 병참사령부에서 한국군으로 직접 지원하였으며 일부 물자는 현지조달 및 동원하여 충당하였다. 제한된 한국군 자체 임무수행을 위해 부산기지보급창, ○○철도수송관리단, 제○조병창, ○○엔진재생중대 등을 전쟁 중에 창설 운영하였으며 육본의 병과감실에서 병과 기지창을 직접 통제하여 전투부대에 병과별로 지원하였다.

휴전 이후에는 1953년 10월에 체결한 '한 · 미 상호방위조약'을 근거로 한국군의 병력 운영 수준이 승인되었고, 조약에 승인된 병력을 기준으로 한국군에 대한 군사원조가 약속되었으며, 1955년부터 실제 미 군원물자가 지원되기 시작하였다. 미국은 매 회개연도별로 군원자금을 책정하여 한국측은 미 군원의 총액을 파악할 수 없었을 뿐만 아니라 계획된 군원품목과 액수가 어떻게 되는지 알 수 없었다. 또한, 군원품목은 한국측에서 신청하는 품목을 원조한 것이 아니고 미국의 일방적인 원조가 이루어져 한국군의 군수지원에는 많은 애로가 있었다.

이 시기에 주한·미 군사고문단의 군수 관계 요원들은 한국군 각 기술병과의 보급 관리조직(재고통제, 저장, 재생, 정비)에까지 배치되어 미군의 군수교리와 제도, 방침을 적용, 한국군의 군수지원업무를 지도했다. 육군본부에서 사용부대까지 군수지휘 및 지원체제는 각 기술병과별로 지원통제 및 거래선을 유지하였으며, 육군본부 각 병과감실 책임하에 해당병과의 전군 군수지원을 위한 예산, 편성, 병과요원의 인사관리, 교육훈련 등을 독립적으로 수행하였다. 군수지원은 보급, 정비, 수송, 시설 및 근무 기능이 유기적으로 균형 있게 수행될 때 효율적이고 경제적인 지원이 가능한 것인데 이 당시에는 군수를 곧 보급이라고 인식하고 있었기 때문에 각 기술병과감실 역시 군수 5대 기능 중 보급기능에만 치중하고 있었다. 이에 따라 정비, 수송, 시설 및 근무기능은 보급지원을 위한 부수적 기능으로 생각함으로써 이러한 기능은 각 병과별 군수지원 체제마저도 확립되지 못한 상태였다. 보급품이 대부분 미군에 의해 제공됨에 따라 각 병과감실은 경쟁적으로 해당병과의 고문관을 통해 병과 취급 보급품을 많이 획득, 분배하는 것이 최선의 군수지원활동이라고 인식하였다.

한국전쟁 휴전 후 미군의 철수 추진으로 한국군에 의한 지휘체제 정립과 함께 미 후방기지사령부에서 한국군에게 직접지원했던 후방지원과 군수지원 책임이 한국군에 이양됨에 따라, 이를 대체할 군수지원 전담 기능사령부로 B군사령부가 1954년 10월 창설되었다. 또한, 한국군의 급격한 팽창으로 지원범위가 확대됨에 따라 병과별 지원을 위한 병과 기지사 및 창의 창설이 요구되어 병기기지사령부(1954. 7), 병참기지사령부(1960. 7), 공병기지창(1955. 7), 통신기지창(1956. 7), 의무기지보급창(1954. 5), 수송정비보급창(1955. 7), ○○항만사령부(1954. 3)가 창설되었다. 이러한 병과별 기지사 및 창은 새로 창설된 B군사령부의 통제를 받아 군수지원업무를 수행하였으며, 이 부대들의 역할도 주로 미군으로부터 인수한 물자 및 장비를 사용부대로 보급하는 것이었다.

1959년 1월에 육본 각 참모부 개편 시 군수국을 군수참모부로 승격 개편하면서, 제B군사령부에서 담당하던 전군 군수지원 임무가 육군본부 군수참모부로 이관되어 군수지원의 결정권과 집행권이 통합되었다. 그러나 전군 군수지원 책임을 부여받은 육군본부 군수참모부장으로서는 부산지역에 있는 각 병과 군수지원시설을 효과적으로 통제하기가 어려웠다. 비록 각 병과 기술감을 통해서 지원시설이 지휘감독 되고 있어 간접적인 통제는 이루어졌으나, 병과 간 협조가 필요한 제반 군수활동 조정 및 통제를 서울에 위치한 군수참모부장이 하기에는 제한되었다. 따라서 육군은 새로운 군수지원 개념에 부합하는 전군 군수통제기구를 창설할 필요성에 따라, 1960년 1월 부산지역에 있던 ○○관군사령부를 개편하여 육군 군수기지사령부를 창설하였다. 군수기지사령부는 육군 군수참모부장 지시에 따라 전 육군부대의 군수지원을 촉진하기 위해서 부산항만을 중심으로 육군 보급기지창, 생산창, 재생창, 각급 근무부대, 기술병과학교, 부산지역의 기타 육군부대에 대한 업무를 감독하였다.

그러나 병과별 지원체제의 특성 등으로 인해 군수기지사령부의 전군 군수지원 통제는 여전히 불가하였다. 따라서 군수기지사령부 임무는 부산·경남지역에 대한 국지적인 군수지원임무 수행과 군수참모부장 보좌 역할로 축소되었다. 한편 기지창별 자체 재고통제체제를 개선하기 위해서 병과별 보급관리단 또는 보급부를 독립기구로 창설하여 보급품의 소요판단 획득, 분배, 기록계정 및 통제 등을 담당토록 개선하였다.[18]

---

18   육군본부, 『군수변천사』, p. 1004-51~139.

5. 군수부대의 구조

    창군 후 1964년까지의 기간은 육군 최초 독자적인 군수지원체제를 태동시켜 시행하고 정비해 나가는 기간이었다. 따라서 전쟁 수행 수준에 따라 분류한 전략적 수준과 작전적 수준, 그리고 전술적 수준의 군수부대 개념이 형성되지 않았다. 그러나 이러한 수준으로 분석해본다면 전략적 수준에서 중앙집권적으로 전군 군수지원을 책임지는 군수부대 위주로 편성되었고, 작전적·전술적 수준에서는 일부 국지적인 보급위주의 군수활동만 이루어졌다.

    군에 대한 현대적 지원조직을 가져 본 경험이 없었던 한국군으로서는 군수책임의 이양에 대비해서 착안한 것이 미 후방사령부의 임무 및 기능과 운영 개념이었으며, 이를 모방하여 1954년에 창설한 부대가 제B군사령부로서 최초에는 전군 군수지원, 예비군 확보관리, 후방경계 등 방대한 임무 및 기능을 부여하였다. 1955~1958년까지는 제B군사령부 책임하에 전군 군수지원이 이루어졌으며 제B군사령부 예하에 기술병과 기지창이 창설되었고, 지원절차는 〈그림 2-3〉에서 보는 바와 같이 미 보급원으로부터 병과기지창으로 보급되면 병과기지창에서 사용부

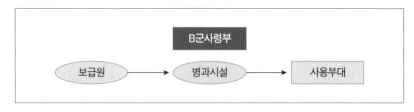

〈그림 2-3〉 군수지원절차(1955~1958)

출처: 육군본부, 『군수변천사』, p. 1004-129.

대로 보급하였다.

　　육군 군수기구는 〈그림 2-4〉에서 보는 바와 같이 육군본부는 계획
수립, 방침결정, 감독을 실시하도록 지원하는 병과감실이 편성되었고,
제B군사령부는 전군 군수지원을 하는 부대로서 군수지원 집행, 전군 군

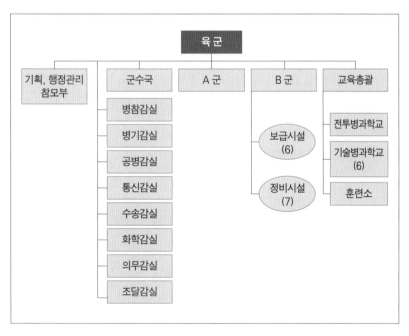

〈그림 2-4〉 육군 군수기구 편성(1955~1958)

출처: 육군본부, 『육군발전사』 제2권(대전: 교육사령부, 1970), p. 17.

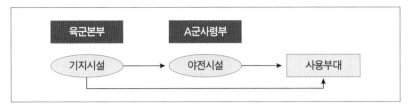

〈그림 2-5〉 군수지원절차(1959~1964)

출처: 육군본부, 『군수변천사』, p. 1004-130.

수시설 관장, 군원청구 및 도입을 하도록 관련 참모부와 보급시설, 정비
시설이 편성되었다. 제A군사령부 및 기타 부대들은 국지적인 군수업무
를 실시하였다.

1959~1964년까지는 육군본부에서 전군 군수지원 임무를 수행하
면서 군수참모부장의 권한이 확대되었고, 3군이 상호지원하는 제도가
시행되었다. 지원절차는 〈그림 2-5〉에서 보는 바와 같이 육군본부에서
병과기지창을 운영하고 제A군사령부 및 사용부대를 지원하였다.

육군 군수기구는 〈그림 2-6〉에서 보는 바와 같이 1959년 1월에 병
과기지창을 제B군사령부에서 육군본부로 예속 변경시켰으며 육군본부
조직을 참모부장제도로 개편하고 군수참모부장이 각 기술병과감실을
지시 및 통제하도록 하였다. 즉, 제B군사령부에서 담당하던 전군 군수
지원의 임무가 육군본부 군수참모부로 이관되었고, 이를 통해 군수지원
의 결정권과 집행권이 통합되었다.

전군 군수지원의 임무가 1959년에 육군본부 군수참모부로 이관되
었으나, 군수참모부장이 부산지역 각 병과 군수지원시설을 효과적으로
통제하기는 것이 제한되었다. 비록 각 병과 기술감을 통해서 지원시설
이 지휘감독되고 있어 간접적인 통제는 이뤄졌으나, 병과간 협조가 필
요한 제반 군수활동을 조정하고 통제하는 것은 서울에 위치한 군수참모

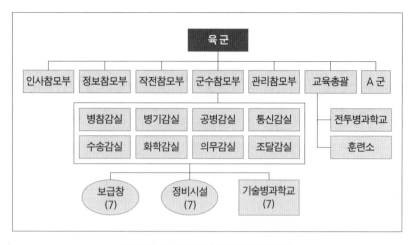

〈그림 2-6〉 육군 군수기구 편성(1959)

출처: 육군본부, 『육군발전사』 제2권, p. 17.

부장으로서는 불가능하였다. 따라서 육군은 새로운 군수지원개념에 부합하는 전군 군수통제기구의 창설 필요에 따라 1960년 1월에 부산지역에 있던 제2관구사령부를 해체하여 육군본부 예하로 군수기지사령부를 창설하였다. 군수기지사령부는 육군 군수참모부장 지시에 의거 전 육군에 대한 군수지원을 실시하였으며, 조직은 〈그림 2-7〉에서 보는 바와 같이 사령관 예하에 참모부서와 7개의 병과 창·병과 기지사령부·병과 근무부대·병과학교 등이 편성되었다.

　제B군사령부는 전군 군수지원업무를 육군본부로 이관하고 5개 관구를 통한 국지 군수지원 임무를 수행하고, 제A군사령부는 자체지원을 할 수 있는 병과별 지원시설을 보유하였다.

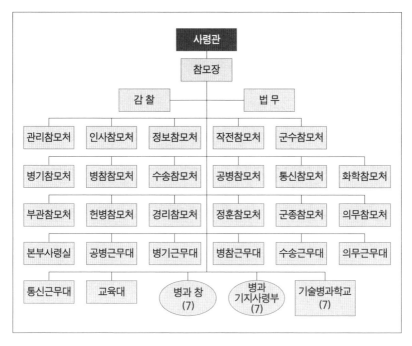

〈그림 2-7〉 군수기지사령부 편성(1960)

출처: 육군본부, 『육군발전사』 제2권, p. 309.

제3부

국방체제정립기
(1965~1981)

1. 국내 · 외 안보환경

1) 한반도 안보환경

미 · 소의 양극화 구조가 변화되면서 세계 곳곳에서 국지분쟁이 발생하고 있었는데, 월남전쟁, 인도 · 파키스탄 분쟁, 제3차 중동전쟁 등이 그것이다. 중국은 문화혁명으로 정국이 혼란스러운 가운데 소련과 국경 하천의 사용 문제로 관계가 악화되었고, 미국과는 관계 개선을 모색하게 되었다. 유럽은 체코의 자유화 개혁이 소련의 무장침공으로 인해 좌절되었고, 서독에서는 '선 평화 후 통일'의 동방정책이 성공적으로 이루어져서 긴장완화에 기여하였다. 미국은 아시아 방위에 대해서 미국의 개입 능력의 한계를 드러내는 닉슨 독트린[1]을 선언하는 등 각국은 국익을 우선하려는 다극화 경향으로 변모하였다.

국내에서는 1968년 북한의 청와대 기습 기도와 동해상에서 미 해

---

[1]   닉슨이 아시아에 대한 외교정책으로 "미국은 조약상의 의무를 지키나 핵 이외의 수단에 의한 외부로부터의 침략에 대해서는 직접 위협을 받는 국가에서 제1차적으로 대처해야 하는 책임이 있다"는 원칙을 말한다. 육군본부, 『육군 교리발전사』, p. 2-6.

군 첩보수집함 푸에블로호 피랍사건, 울진 · 삼척지역에 대규모 무장공비 침투가 있었고, 1969년 미 정찰기가 동해에서 격추되는 사건, 1976년 판문점 도끼 만행사건, 1974년에서 1978년까지 북한의 제1 · 2 · 3땅굴이 발견되는 등 한반도에는 위기가 지속되고 있었다. 미국과 월남의 요청으로 1966년에서 1973년까지 월남전에 국군을 파병하게 되었으며, 1979년의 유류파동과 국제적인 경기불황은 국가의 경제성장에 어려움을 주고 있었다.

이러한 안보위기 상황 속에서 한국은 향토예비군 창설 등을 통한 총력안보 체제를 강화하면서 경제건설을 해야 했고, 정부에서는 미국으로부터 특별 군사원조로 1억 달러를 받게 되면서 군의 장비 증강과 군수산업 기반조성, 공군력의 강화 등 군 현대화계획을 추진하게 되었다.[2]

2) 한미동맹의 발전

한미 양국은 한미상호방위조약과 한미안보협의회의(SCM: Security Consultative Meeting)[3]를 통해 한미안보협력체제를 다져왔고, 1978년 11월

---

2   국방부, 『건군 50년사』, pp. 168~173.

3   한미안보협의회의는 한미 간에 각종 안보 현안을 해결하기 위한 최고의 협의기구이다. 이는 1968년 1월 21일 청와대 기습 미수사건과 1월 23일 미 정보수집함 푸에블로호 피랍사건 발생 이후 한국의 안전보장 문제를 해결하기 위하여 1968년 4월 17일 한미 정상회담에 이어 5월에 한미국방각료회의를 개최하면서 시작되었다. 제4차 회의(1971) 때부터 양국 외교대표가 동참하는 정부 차원의 연례안보협의체로 격상되었고, 명칭도 한미안보협의회의(SCM)로 변경되었다. 남정옥, 『한미군사관계사』(서울: 국방부 군사편찬연구소, 2002), http://encykorea.aks.ac.kr 2022. 5. 31.

7일 한미연합군사령부(CFC: ROK/US Combined Forces Command)의 창설을 계기로 작전통제권과 함께 한미연합훈련 주관이 UN사에서 한미연합사로 이관되면서 한미 간의 각종 연합훈련을 통한 확고한 한미연합방위체제를 구축하였다. 한미연합군사령부(CFC)는 주한미군의 감축에 따라 한미연합전력을 보강하기 위하여 창설되었고, 당시 유엔총회에서 유엔사 해체 문제가 공론화되자 유엔사와 별도로 한국방위를 전담할 별도 기구를 창설하려는 미국의 의도도 반영되었다. 한·미 양국은 〈표 3-1〉과 같이 1977년 제10차 한미안보협의회의에서 한미연합사 창설에 기본적으로 합의하고, 1년 동안 수차례 협의 후에 제11차 한미안보협의회의에서 한미연합사의 임무·기능·조직에 대한 관련 약정과 전략지시 제1호에 서명하였다.

〈표 3-1〉 한미연합군사령부 관련 약정(TOR) 및 전략지시 제1호

구분	관련 약정(TOR)	전략지시 제1호
체결 일시	1978년 7월 27일(제11차 SCM) *한미군사위원회회의(MCM)에 전략지침 및 지시 하달	1978년 7월 28일(제11차 MCM) *CFC에 전략지시 및 작전지침 하달
대표	• 한국: 노재현 국방장관 • 미국: 브라운 국방장관	• 한국: 김종환 합참의장 • 미국: 존스 합참의장

구성	• MCM의 임무·기능·편성
	• 연합사의 임무·기능·편성 및 사령관과 부사령관의 기능
	• 유엔사와 연합사의 관계 정립
	  - 유엔사: 정전협정 준수
	  - 연합사: 한국 방어
	  - 관계: 지원 및 협조
		• 연합군사령관에게 임무 부여
		  (한국 방어책임, 서울 방어 중요성)
		• 전·평시 연합사와 예하 구성군 간의 지휘관계 명시
		• 전·평시 연합사 작전 통제부대 목록

출처: 국방부, 『한미군사 관계사 1871-2002』(서울: 국방부 군사편찬연구소, 2002), p. 598.

한미연합사의 임무는 양국의 통합된 군사 노력을 통해 대한민국에 대한 외부의 적대행위를 억제하고, 억제 실패 시에는 대한민국에 대한 무력공격을 분쇄하는 것이다.[4] 한미연합사는 한국 합참과 긴밀한 협조 하에 한반도에 전쟁을 억제하기 위한 위기관리뿐만 아니라 북한 위협을 지속적으로 감시 및 평가하고, 전시 대비를 위한 계획의 발전과 한미 연합전력 운용 능력을 향상하는 기능을 수행해 오고 있다. 한미연합군사령부의 창설과 동시에 국군과 주한미군에 대한 작전통제권의 행사가 유엔군사령부에서 한미연합군사령부로 전환되었고, 유엔군사령부는 정전협정 유지 임무만 수행하고 있다. 한미연합군사령관은 한미의 국가통수 및 군사지휘기구(NCMA: National Command and Military Authority)의 전략지침과 한미안보협의회의(SCM) 결정에 따라 발전시킨 전략지시[5]를 직속 상부기관인 한미군사위원회(MC: Military Committee)[6]를 통해 하달받고 작전통제권을 행사하고 있다.[7]

---

4   국방부, 『한미동맹 60년사』(서울: 국방부 군사편찬연구소, 2013), p. 163.

5   전략지시(Strategic Directives)는 합참의 군령권 보좌 및 국가 전쟁지도 주요기능 수행을 위해 전략상황평가 및 판단결과 도출된 전략적인 지침을 지시화한 것으로서, 합참의 국가통치 및 군사지휘기구 승인하에 연합사에 전략지시를 하달한다. 작전지침(Operational Guidance)은 작전의 임무수행을 위하여 부여하는 지시 및 협조사항의 기준 또는 방향을 제시해주는 기본방침이다. 군사용어대사전편집위원회, 『군사용어대사전』(서울: 청미디어, 2016), pp. 606, 639.

6   한미군사위원회(MC)는 1977년 제 10차 한미안보협의회의(SCM) 합의에 따라 1978년 7월 27일 제11차 SCM에서 MC 설치를 승인하였다. MC는 한국방위를 위하여 상호 발전시킨 작전 지시와 작전지침을 한미연합군사령관에게 제공하는 기구로서, 한반도 방위문제를 관장하는 한미 국가통치 및 군사지휘기구의 실무적인 최고 군령기구로 발전하였다. 박동찬, 『한국민족문화대백과사전』(서울: 국방부 군사편찬연구소, 2009), http://encykorea.aks.ac.kr, 2022. 5. 31.

7   국방부, 『국방 100년의 역사』, pp. 390~392.

3) 국방자원의 가용성

〈표 3-2〉에서 보는 바와 같이 박정희 정부 기간인 1965년부터 1979년까지 국가경제의 약 4.3%, 중앙정부예산의 약 27.3%를 국방예산으로 사용하였다. 건군기와 비교해 보면 국방예산이 국가경제의 약 7%에서 4.3%로, 중앙정부예산은 약 37%에서 27.3% 수준으로 감소하였다.

〈표 3-2〉 한국의 실질 GDP, 중앙정부 재정지출, 국방비(1965~1981)

(단위: 10억 원)

연도	실질 GDP (A)	정부 재정지출		국방비		
		액수 (B)	GDP 대비 점유율 (B/A)	액수 (C)	GDP 대비 점유율 (C/A)	정부 재정지출 대비 점유율 (C/B)
1965	17.78875	2.0009	11.3	0.6399	3.6	32.0
1966	26.11382	3.4521	13.2	0.9972	3.8	28.9
1967	36.37730	5.0109	13.8	1.3850	3.8	27.6
1968	53.30871	8.3696	15.7	2.0601	3.9	24.6
1969	79.62696	13.3524	16.8	3.0564	3.8	22.9
1970	115.42524	18.5065	16.0	4.3902	3.8	23.7
1971	157.93180	25.8474	16.4	6.8724	4.4	26.6
1972	226.62136	36.7080	16.2	10.0122	4.4	27.3
1973	330.81000	49.2360	14.9	11.9760	3.6	24.3
1974	616.99617	96.6358	15.7	25.0169	4.1	25.9
1975	1016.89368	190.1055	18.7	44.4118	4.4	23.4
1976	1692.10968	292.5021	17.3	86.0190	5.1	29.4
1977	2487.27629	430.7000	17.3	129.2772	5.2	30.0

연도	실질 GDP (A)	정부 재정지출		국방비		
		액수 (B)	GDP 대비 점유율 (B/A)	액수 (C)	GDP 대비 점유율 (C/A)	정부 재정지출 대비 점유율 (C/B)
1978	4101.28609	650.9780	15.9	200.3350	4.9	30.8
1979	6256.91038	1007.5290	16.1	298.4077	4.8	29.6
1980	9556.00173	1612.9670	16.9	543.8777	5.7	33.7
1981	14003.89280	2722.7503	19.4	761.3474	5.4	28.0

출처: 이필중, "한국 국방예산의 소요와 배분에 관한 연구(1953~2023)", pp. 189~190.

상비병력은 계속 60만 수준을 유지하였고, 1979년 들어서면서 60.8만 수준으로 약간 증가하였다.[8]

국방자원은 예산 측면에서 보면 국가경제와 중앙정부예산 대비 국방예산이 지속적으로 감소하였고, 병력 측면에서는 60만 수준을 유지하였음을 알 수 있다.

2. 군내 군사안보환경

월남전이 막바지에 접어들어 월남에 대한 평화회담이 진행되는 과정에서 1970년 7월 21일 한·미 국방장관 회담이 하와이에서 개최되었고, 이 회의에서 장차 주한미군의 감축에 대한 논의가 이루어졌다. 이에 따라 주한 미군 1개 사단이 1971년 3월에 한국에서 철수하게 되었고, 미국의 군원 이관도 재개되었다. 또한 미국이 수차례의 북한 도발 속에서 한국지역에서 신속한 군사행동을 취할 준비가 되어 있지 않다고 판단한 박정희 대통령은 종래의 유엔 중심 한국방어태세에서 자주적 국방태세로 전환 필요성을 밝히고 향토예비군 250만의 무장과 한국군 현대화를 추진하게 되었다.

1) 군사전략의 변화

육군의 군사전략은 1970년대 이전에는 미군의 전략과 교리에 입각하여 방어작전 위주로 강조했고 작전수행개념을 교리에 공식화하지 않았다. 그러나 미국이 1976년 '적극방어'를 작전수행개념으로 채택하면서 한국군도 1978년에 '공세적 방어'를 작전수행개념으로 선정하였다.

미군은 당시 수적 우위의 병력과 강력한 화력 등을 바탕으로 제파식 공격을 하는 소련의 집중강압전법[9]에 대응하기 위해 1976년 적극방어를 미 육군의 작전수행개념으로 채택하여 1981년까지 6년간 적용하였다. 이는 수적 열세를 극복하기 위해 화력의 우세권을 최대한 이용하고 근접지역에 결전을 시도함으로써 방어작전에서 먼저 승리한다는 작전수행개념이었다.

한국군은 1970년대 초반 주한 미군 1개 사단의 철수와 베트남 공산화, 북한 김일성의 끊임없는 전쟁 위협에 대응하기 위해 1972년 2월 국방목표를 제정하고 국군 현대화 5개년 계획과 연계하여 '고수방어' 개념에 따른 영구진지와 전략적 방어방벽을 구축하고 수세 위주 작전에서 탈피하려는 노력을 경주했다. 육군은 당시 전략환경과 부대구조 · 편성 등 작전환경을 고려하여 1978년판 『작전요무령』에서 북한의 기습공격에 대응할 수 있는 교리를 제공하기 위해 미군의 작전수행개념인 '적극방어'를 수용하여 '공세적 방어'로 발전시켜 우리 군의 작전개념으로 제시했다.

공세적 방어란 "먼저 적의 공격을 받아들여 방어의 이점을 최대로 이용한 적극적인 공세행동으로 적을 약화 또는 격멸함으로써 주도권

---

9 소련이 독일의 전격전을 모방하여 발전시킨 것으로 대규모 기계화부대 전력과 강력한 화력을 활용한 기습, 속도, 전투력 집중을 중시하는 제파식 공격 방법이다. 이는 제병협동부대로 적 진지를 돌파하고 곧이어 전술적 고속기동부대를 투입하여 돌파구를 확장한 후, 전략적 · 작전적 고속기동부대를 투입하는 작전적 수준의 전투력 운용이다. 육군본부, 『육군 교리발전사』, p. 2-6.

을 장악하고 공세 이전의 여건을 조성하는 데 목적을 둔 적극적인 방어작전"이었다. 공세적 방어는 방어가 어디까지나 다음의 공격을 위해 존재한다는 적극적인 정신으로 공격과 방어의 이점을 조화시킨 개념이었다.[10]

2) 과학 및 무기체계 발전

휴전 후 1960년대 중반 국군을 월남에 파병하기 전까지는 육군의 대부분 무기 및 장비는 휴전 당시에 보유하고 있던 모델로서 진부화 상태를 면하지 못하고 있어 북한군에 비해 전쟁 전과 마찬가지로 열세한 형편이었다. 이러한 이유는 휴전 후 월남파병 전까지 미국의 대한 군사원조는 대부분이 운영유지에 필요한 제한된 원조였기 때문이었다. 한국군이 월남전에 전격적으로 참여하기 전인 1962년에서 1965년까지 미국이 한국에게 지원한 군사 및 경제원조는 총 9억 8백만 달러로서 연평균 2억 2천 7백만 달러에 불과하였다. 그러나 한국군이 월남파병 기간 동안인 1966년부터 1971년간에는 20억 2천 2백만 달러로서 연평균 3억 7천만 달러로 증가하여 월남파병 기간 매년 약 1억 5천만 달러의 군사원조를 추가적으로 제공받았는데 대부분이 전력증강에 필요한 원조였다. 따라서 파병 기간 추가된 군사원조 증가액은 대부분 한국군의 무기 및 장비현대화에 따른 지원으로서 월남파병을 계기로 육군의 무기

---

10   육군본부, 『육군 교리발전사』, pp. 2-5~2-9.

체계는 비약적인 발전을 가져오게 되었다.[11]

이 기간 중 국내 육군 주요 전투부대의 개인화기를 M16 소총으로 교체하였고 M60 기관총, M79 유탄발사기, M203 유탄발사기를 전력화시켰다. 대전차화기로 90mm 무반동총과 106mm 무반동총을, 화포로는 175mm 자주평사포와 8인치 곡사 자주포, 어네스트 존(Honest John) 등을 미측으로부터 인수하였다. M48A2C형 전차, M47 구난전차, M125A1 전투용 장갑차, M113 수송용 장갑차가 도입되었고, 차륜차량은 국군을 월남에 파병하면서 브라운 각서에 근거한 보상책으로 1966년부터 미국의 M 계열 차량을 추가로 도입하게 되었고 상용차량을 군용화한 D 계열 및 I 계열 차량을 미 군원으로 제공받았다. 대공화기로는 M55 대공자동화기, M45D 대공자동화기, 발칸을 미측으로부터 인수하였고 1970년대에 들어와서 자주국방 능력을 강화하기 위한 조치로서 구경 50기간총을 대공화기로 운용하기 위해 자체 개조한 승전포를 제작하였다. 방공 유도무기인 호크(HAWK), 나이키(Nike-Hercules), 항공무기로 고정익항공기로 U-6A 항공기와 U-21 항공기를, 회전익항공기로 OH-23G 헬기, UH-1H 헬기를 도입하였다. 통신장비는 1960년대 이후 부피가 큰 진공관 부품을 대체하는 Solid-State 부품이 개발되어 통신장비 소형화가 이루어지고, 1970년대 들어와서는 반도체 메모리 시스템의 발명과 더불어 동선케이블을 대체하는 광섬유 케이블의 제조 성공 등으로 통신운용 및 장비체계 면에서 획기적인 발전이 진행되었다.

1971년 3월 주한 미군 1개 사단의 철수는 우리나라로 하여금 한국 안보의 한국화정책을 강력하게 추진하는 계기가 되었고, 1973년 4월

---

11 육군본부, 『육군 무기체계 50년 발전사』, pp. 297~310.

'을지연습 73훈련' 기간에 박정희 대통령이 국방부를 순시하면서 자주적 군사력 건설을 지시하여 독자적 전력증강사업이 추진되었다. 대통령의 지시에 따라 국방부는 제1차 전력증강계획을 수립하여 1974년 2월에 박 대통령의 재가를 얻음으로써 최초의 자주적 전력증강계획이 확정되었다. 국방부는 보안유지를 위하여 전력증강계획을 율곡계획이라고 가명칭을 붙였고 제1차 율곡사업[12]을 1974년에서 1981년까지 8년간 추진하였다.

더불어 1970년대 전 기간에 걸쳐서 '자주국방'은 국가경영의 최고 목표가 되었다. 따라서 우리 군이 필요로 하는 무기체계를 국내에서 개발 생산함으로써 무기체계의 외부 의존에 따른 정치적 종속으로부터 탈피할 수 있을 뿐만 아니라, 선진국의 군사과학기술 이전 기피, 기술 유출에 대한 통제강화, 그리고 급격한 군사과학기술의 변화 발전 등의 상황에 능동적으로 대처한다는 방침에 의거 방위산업을 전력증강사업과 병행하여 추진하기 시작하였다. 1970년 8월에 무기체계 국내개발 및 생산을 위해 국방과학연구소가 창설되었고, 방위산업은 1971~1972년의 준비단계를 거쳐 1973~1976년 기간의 기본병기 생산 기반조성단계에 이르러 M16 소총을 비롯하여 60mm와 81mm 박격포, 소화기 탄약, 박격포탄, 각종 유·무선 통신장비 등 기본적인 무기체계의 개발 및 생산 기반을 구축하였다. 그 후 1977~1981년 기간 무기체계의 완성단계에 이르러 그동안 축적된 기술을 바탕으로 기본 병기는 물론 일부 정밀무기의 국산화 개발이 이루어져서 M60 기관총, M203 유탄발사기, 20mm

---

12 1974년 대북 전력격차를 해소하기 위해 수립한 한국군 전투력 증강계획이다. 한국학중앙연구원, 『한국민족문화대백과』(성남: 한국학중앙연구원, 1997). http://terms.naver.com, 2022. 5. 31.

발칸포, 곡사포 및 포탄, 표준차량, 다련장 로켓 등의 지상군 무기체계를 양산하고 전차를 개조할 수 있는 수준으로 발전하였다. 그리고 1978년 9월 우리 기술진에 의해 설계 제작된 한국형 중·장거리 유도탄의 발사에 성공함으로써 이 당시 세계에서 7번째의 미사일 개발국으로 등장함으로써 자주국방에 한 걸음 다가서게 되었다.[13]

이 시기는 월남전 파병에 따른 군사원조 증가와 1970년대 전 기간에 걸쳐서 '자주국방'이 국가경영의 최고 목표가 되면서 한국군 무기 및 장비현대화와 자주국방 개념에 따른 방산장비 및 물자의 국내생산이 시작되었다.

---

13   육군본부, 『육군 무기체계 50년 발전사』, pp. 314~467.

3. 군구조

육군은 월남전의 휴전이 기정사실화되면서 1971년 12월부터 1973년 3월까지 주월 한국군이 2단계에 걸쳐 철수하게 되었고 이 기간중 국내에서는 미 제○사단이 철수함으로써 육군의 지휘체계, 부대편성, 운용상 많은 변화를 가져오게 되었다. 〈그림 3-1〉에서 보는 바와 같이 1973년 5월에 제C군사령부 창설되면서 제A군사령부와 제C군사령부가 전방 야전군 지역을 서부와 동부지역으로 구분하여 방어하게 되었다. 1975년 8월에 제C군사령부 예하로 ○○군단이 창설되었다. 1974년 3월에 제B군사령부 예하에 1개 관구사령부를 해체하였고, 육군의 직할부대로 1969년 8월에 특전사령부가 창설되었다.

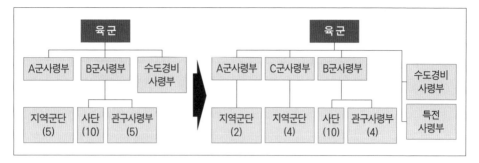

〈그림 3-1〉 육군 부대구조 발전(1965~1981)

출처: 육군본부, 『군수변천사』, p. 1004-329.

육군은 1981년에 현재의 교육사령부와 교육사령부 내에 교리발전부가 창설되면서 체계적인 교리발전을 추진하게 되었고, 한국적 교리개발과 미래 지향적인 전투발전 업무가 이루어졌다. 1980년대 이전까지는 교리가 체계적으로 정립되지 못하였으며 전략적 수준, 작전적 수준, 전술적 수준의 부대 구분과 운영개념도 정립되지 않았다.

그러나 현재의 교리 개념으로 이 시기에 전략적 수준, 작전적 수준, 전술적 수준의 부대를 구분해 본다면, 전략적 수준은 육군본부이고, 작전적 수준은 3개의 군사령부이며, 전술적 수준은 군단, 사단, 연대급 이하 제대가 해당된다.

4. 군수지원체제

　미군은 1953년 10월에 체결한 '한 · 미 상호방위조약'을 근거로 하여 한국에 군사원조를 제공해 왔으나, 1963년 발표한 케네디 정책에 의한 미국의 대외 원조방침 변경에 따라 한국군에 제공하던 군원을 축소하기 시작하였다.

　미국 케네디 행정부의 경제원조 우위 정책 전환은 대미 원조 수혜국의 자립도를 높인다는 방침으로 군사원조를 증가하는 것보다는 축소에 중점을 두고 한국에서 생산되는 소비물품부터 점차적으로 군원을 축소하기 시작하였다.

　한국에 대한 군원 축소 계획은 1966년에서 1970년간에는 한국군의 월남파병 조건으로 일시 중단되기도 했으나, 1971년 재개되었고 1975년에 이르러서는 미국의 군원이 사실상 종료되었다.[14]

　따라서 군원으로 충당되었던 국방비 전액을 국고 예산으로 부담해야 하는 상황 속에서 한국군은 군원군수체제를 자주군수체제로 전환해

14　육군본부, 『군수변천사』, p. 1004-310.

야 하였다. 또한, 월남파병 등으로 군수지원체제의 강화와 전군 지원업무를 단일기구가 통합하여 관장할 필요성이 새롭게 대두되었다.

육군은 효율적인 군수부대 개편을 위해 병과별 지원체제를 유지하면서 전시전환이 용이하고 군수운영 및 집행기능을 분리시키며, 중간제대를 해체하여 유사한 기구를 통합하고, 전군 군수지원을 지역지원 개념으로 조정하면서 병과별 재고통제기구를 통합 편성함으로써 기능별 군수지원체제 도입이 용이한 체제로 개선하고자 하였다. 이에 따라 군수기지사령부를 개편하여 1970년 군수사령부를 창설하였다.

야전군 군수지원부대 편성은 전군 군수지원을 위한 군수사령부를 창설하기 전인 1970년까지는 7개 기술병과별로 병과지원단을 편성하여 병과별 군수지원을 실시하였다. 부산에 군수사령부를 창설하여 각 병과의 군수지원 통제기능을 통합하게 되면서 야전 또한 이에 부합되는 통합 군수지원 통제기구의 편성이 요구됨에 따라 육군은 A, C군의 2개 야전군사령부 예하 3개의 군수지원사령부를 창설하여 전방부대 및 수도권지역 작전부대에 대한 군수지원을 수행하게 함으로써 야전에 있어서 병과 통합 군수지원체제의 기틀을 다져 나가기 시작하였다.

B군은 1959년도에 전군 군수지원 임무를 육본 군수참모부로 이관 후 B군 지역에 대한 국지적 군수지원은 각 관구별로 예하에 기술병과 근무대를 편성하여 병과별로 군수지원 임무를 수행하였다. 그러나 1970년 군수사령부가 창설됨에 따라, B군 지역도 1971년 1월 15일부로 각 관구 예하 기술병과근무대를 통합 지휘하는 군수지원 통제부대로서 군수지원단을 창설하였다. 따라서 종전의 각 기술병과부대는 군수지원단의 건제부대로 편성하여 B군 역시 군수지원단을 통제하는 병과 통합 군수지원체제로 전환하였다.

따라서 1960년대까지 유지해왔던 육군의 병과별 군수지원체제는 1970년대에 들어오면서 병과 통합 군수지원체제로 전환되었다. 제대별 군수지원체제로 육군본부는 군수참모부장 통제하에 각 기술병과감실이 설정한 군수계획 및 지원절차를 시행토록 하였고, 군수사령관은 병과별 재물통제부와 보급창을 통해 전군 군수지원을 실시토록 하였다. 야전군은 예하 군수지원사령부를 통하여 예하 사단 및 비사단부대의 군수지원업무를 실시하고, B군 지역에는 관구 군수지원단을 통해 예하 사단과 부대를 지원하여 병과별·지역별 지원체제를 유지토록 하였다.

5. 군수부대의 구조

국방체제정립기에 육군은 전략적 수준, 작전적 수준, 전술적 수준의 부대 구분과 운영개념도 정립되지 않았으나 현재의 교리 개념으로 이러한 수준을 고려한 이 시기의 군수부대 편성을 제시한다면 다음과 같다.

1) 전략적 군수부대

1960년 1월 창설한 군수기지사령부는 부산지역에 위치한 각 병과기지 군수지원부대를 지휘 감독하고 2종 시설의 공통지원사항을 조정하여 전군 군수지원을 촉진하도록 했으나 전군 군수지원 업무에 대해서는 제 기능을 발휘하지 못하였다. 이는 각 병과의 보급 및 생산정비창이 육군본부 직할부대로서 각 기술병과의 병과기지사령부(병기, 병참, 수송)가 지원하는 업무를 통제했기 때문에 군수기지사령부의 기술참모부와

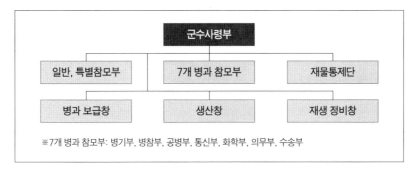

〈그림 3-2〉 창설 당시 군수사령부 조직형태

출처: 이재춘·김광림, "장차전 양상을 고려한 효율적인 군수지원체제", p. 2-3.

병과기지사령부가 양립되어 있어서 전군 군수지원 집행업무의 종합적인 조정통제가 제대로 이루어지지 못했기 때문이다. 이에 따라 육군은 군수기지사령부를 해체하고 1970년 12월 15일 〈그림 3-2〉와 같이 군수사령부를 창설하였다.

군수사령부 본부는 기존의 군수기지사령부의 일반 및 특별참모부를 전환하여 편성하였고, 7개 병과로 병기·병참·공병·통신·화학·의무·수송병과의 기지사와 병과별 보급관리단(부)을 통합하여 7개 병과 참모부를 편성하였다. 또한, 각 병과의 재물통제기구를 통합하여 재물통제단을 두어 군수사령관이 직접 재물통제를 할 수 있게 하였고, 전군 군수지원기능 외에 기타 기능을 제외하였다. 육군본부 직할로 되어 있던 각 병과의 보급창, 생산창, 재생 정비창 등을 군수사령부로 예속시켜서 군수사령부가 전군 군수지원 기능사령부로서 임무를 수행토록 하였다.

1974년도에 〈그림 3-3〉과 같이 군수사령부 조직개편이 이루어졌는데 최초의 조직에서 병과 참모부와 재물통제단의 업무가 중복되는 점

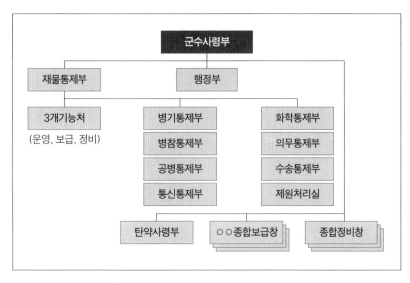

〈그림 3-3〉 개편 후 군수사령부 조직형태(1974~1975)

출처: 이재춘·김광림, "장차전 양상을 고려한 효율적인 군수지원체제", p. 2-4.

을 해소하기 위해 이를 통합하여 재물통제부를 만들고 예하에 7개의 병과별 통제부를 두어 재물통제가 이루어지도록 하였다. 탄약사령부가 육본에서 군수사령부 예속으로 전환되었다. 또한 1975년도에 중요한 변화는 각 병과별로 창(보급창, 정비창 등)을 두고 운용하던 것을 통합하여 창 단위에서는 병과별 개념을 없애고 종합창의 역할을 수행하도록 하였다는 점이다. 병과별 보급창은 물자 분류기준에 따라 5개 종합보급창으로 통합되었고, 정비창도 종합정비창으로 통합하여 재편되었다. 이 변화는 병과별 지원개념의 비효율성이 지적되면서 이를 개선하는 조치로 이루어진 것으로 보이며, 기능화지원체제로 전환하게 되는 계기가 되었다고 볼 수 있다.

2) 작전적 군수부대

야전군 군수지원부대는 1971년 5월에 A군 예하에 2개의 군수지원사령부를 창설하였다. 강원도에서 창설한 A군수지원사령부는 강원도 지역에 위치하고 있던 각급 기술병과부대를 예속시켜서 지역 내 군수지원을 종합통제 하는 임무를 부여하였고, 경기도에서 창설한 B군수지원사령부는 지역 내 각 기술병과부대를 예속 지휘하여 한수 이북의 육직부대와 3개 군단에 대한 군수지원 책임을 담당하도록 하였다.

주월군 철수에 따른 육군의 정비계획으로 새로운 부대 증·창설과 개편이 이루어졌고, 1973년 5월에 제C군사령부를 창설하여 야전군지역의 방어 및 지휘체제를 조정하였다. 이로 인해 군수지원부대의 운용에 관한 조정이 불가피하여 종전까지 A군의 지휘하에 야전군의 군수지원 임무를 담당했던 B군수지원사령부를 C군으로 예속 전환하여 지원토록 하였다. B군수지원사령부에 대한 지휘관계 조정 후 육군은 C군 지역에 군수지원 통제부대를 추가 창설하는 것이 필요해졌다. 왜냐하면 B군 예속하에 수도권 한수이남 지역에 대한 대간첩작전 및 지역경계 책임을 맡고 있던 ○○관구사령부를 해체하고 경인지역 방어사령부를 창설하여 C군사령부에 예속시켰기 때문이다. 이에 따라 1974년 3월에 부평에 C군수지원사령부를 창설하였고, C군 지역의 3개 군단지역에 대한 군수지원 임무는 B군수지원사령부에 부여하고 한강이남 수도권지역의 군수지원 임무를 C군수지원사령부가 담당하도록 하였다.

이로써 육군은 A, C군의 2개 야전군 예하 3개의 군수지원사령부 통제하에 전방부대 및 수도권지역 작전부대에 대한 군수지원을 수행하게 함으로써 야전에 있어서 병과 통합 군수지원체제의 기틀을 다져 나가기 시작하였다.

  야전군 군수지원사령부는 〈그림 3-4〉에서 보는 바와 같이 행정부와 보급관리부, 기능부대들로 편성되어 있었다. 행정부는 사령부 자체 부대관리와 필요시 후방지역 방호에 대한 업무를 수행하였고, 보급관리부는 7개 기술병과의 군수지원임무를 조정 통제하는 역할을 수행하였다. 예하 기능부대들의 편성은 수차례 변화되었으며 병참대대, 병기 정비보급대대, 공병 정비보급대대, 통신 보급정비대대, 의무보급창, 의무대대, 수송대대, 화학지원대 기능부대들이 수 개씩 편성되었고, 일부 공

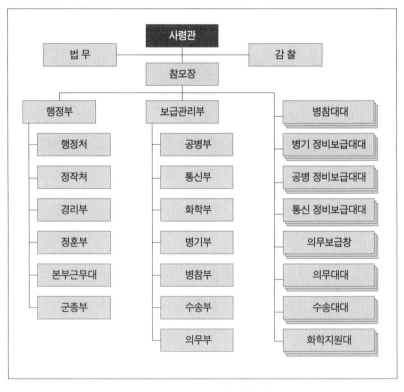

〈그림 3-4〉야전군 군수지원사령부 편성

출처: 육군본부, 『야전교범 51-100 군단 및 야전군』(대전: 교육사령부, 1980), p. 128.

병, 의무 등과 같은 기능부대들은 야전군사령부 직할부대로 편성되기도 하였다.

군수지원사령부는 인원보충 및 민사업무를 제외한 전투근무지원을 지역 내 부대에 제공하였으며, 예·배속부대를 지휘하는 임무를 수행하였다. 이러한 군수지원사령부의 기능은 보급, 정비, 근무지원 업무를 계획하고 시행을 감독하였으며, 장비 및 물자의 보급 소요결정과 청구, 획득, 저장, 분배 및 기록을 유지하였고, 초과 및 잉여품, 폐품, 노획품의 수집과 처리업무를 수행하였다. 또한, 시설 부대 간의 재고 조정, 후방지역 방호 업무 수행, 자동제원 처리실을 운용하였고, 특수무기와 그에 따른 유지물자의 보급과 자체 및 배속부대에 대한 기술교육 및 훈련업무를 담당하였다.

3) 전술적 군수부대

군단은 본질적으로 전술작전을 수행하는 부대로서 통상 지속지원 기능을 수행하지 않았다. 군단은 전술적인 기능만을 가지고 있는 부대인 반면 야전군은 행정적인 기능을 가지고 있어, 야전군에 가용한 모든 전투근무지원부대는 야전군 통제하에 운용되었다. 따라서 군단은 야전군이 보유하고 있는 전투근무지원부대에 의해서 지원받았다. 그러나 군단이 야전군사령관의 직접통제와 지휘를 받기 곤란한 지역에서 작전할 경우에는 독립군단으로 운용되며, 이러한 경우 독립군단에는 전투근무지원부대를 배속시켜 운용하였다. 이 경우 군단은 야전군이 수행하는 지속지원 기능을 대부분 수행하였다.

군단장은 군단작전에 필요한 범위 내에서만 전투근무지원에 대하여 관여하였다. 전투근무지원 활동으로는 군단 예하부대의 원활한 전투근무지원 수행여부 확인 및 필요한 사항을 야전군 사령관에게 건의하였으며, 군단을 지원하는 야전군 전투근무지원부대의 위치와 군단 후방 전투지경선의 위치를 야전군 사령관에게 건의하였으며, 예하 사단의 후방 전투지경선을 설정하고, 탄약 및 특정 보급품의 통제 및 할당을 포함하는 전투근무지원을 위한 우선순위를 설정하였으며, 후방지역 방호와 군단 후방지역에서의 육로 조정 및 교통 통제를 위한 계획, 기타 필요한 전투근무지원에 관련된 사항을 수행하였다.

군단은 통상 군수부대를 편성하지 않으나 군단이 군수부대를 편성시 〈그림 3-5〉에서 보는 바와 같이 군단 군수지원단 단본부와 본부중대, 단에 배속되는 수 개의 각종 기능부대로 편성되었다. 군수지원단 본부는 계획운영과, 보급정비과, 근무과, 전산실, 행정과, 의무실로 편성되

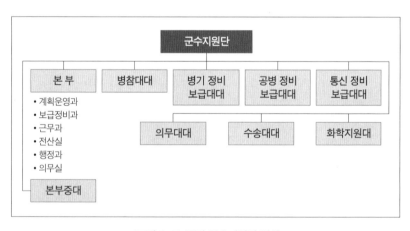

〈그림 3-5〉 군단 군수지원단 편성

출처: 육군본부, 『군수변천사』, pp. 1004-339~371의 내용을 정리해서 도식

며, 기능부대들은 병참대대, 병기 정비 보급대대, 공병 정비 보급대대, 통신 정비 보급대대, 의무대대, 수송대대, 화학지원대의 병과별로 편성되어 지원토록 하였다. 군단 군수지원단은 군수지원사령부에 예속되어 군단지역 내 부대에 대한 군수지원을 제공하는 임무를 수행하였으며, 군단이 독립작전을 실시할 때는 그 편성이 증강될 수 있었다.

군단 군수지원단의 기능은 예배속부대를 지휘하였으며, 피지원부대에 대한 보급, 정비 및 근무지원에 관한 사항을 계획하고 운용에 대한 감독하였다. 장비 및 물자의 보급소요 결정, 청구, 획득, 저장 및 분배, 기록을 유지하였고, 초과 및 잉여품, 폐품, 노획품의 수집과 처리를 하였으며, 자체 부대의 시설을 관리 및 유지하였다. 또한, 자체 부대의 기술교육 및 훈련, 특수무기와 그에 따른 유지물자의 보급, 전방 사단에 대한 근접 정비지원 제공과 지역내 부대에 대한 수송지원을 실시하였다.

기본전술제대인 사단의 군수부대로 군수지원단을 편성하였다. 사단 군수지원단은 사단 예하의 주요 사령부로서 사단의 모든 예·배속부대에 대한 대부분의 전투근무지원을 제공할 수 있도록 편성되고 장비되어 있었으며, 사단 지역 내에 있는 비사단부대에 대한 제한된 전투근무지원을 제공할 수 있었다. 사단장은 군수지원단을 통제하여 보급, 정비, 수송, 근무지원 등 전투근무지원을 제공하였고, 군수지원단 지휘소는 후방지역에 설치되어 생존성을 보장토록 하였다.

보병사단 군수지원단 편성은 〈그림 3-6〉에서 보는 바와 같이 본부 및 본부대, 보급 및 수송근무대, 정비근무대, 그리고 의무근무대로 구성되어 사단에 대한 군수지원을 실시하였다. 이 부대들은 사단의 통제하에 두거나 기능별로 지원부대를 편성하여 여단(또는 연대)에 배속 또는 여단(또는 연대)지역에 배치하여 전투부대들을 지원하였다.

보병사단 군수지원단 예하 보급 및 수송근무대는 군수품의 보급 및 수송, 근무업무를 수행하였고, 정비근무대는 작전 유지에 필요한 최소한의 정비지원을 제공하였는데, 이러한 정비근무대가 통신 암호장비 및 의무장비를 제외한 사단장비에 대한 제한된 야전정비를 수행하였다. 의무근무대는 사단에 대한 보건근무를 제공하였는데, 의무후송 및 입원 체제의 목표는 전투부대로부터 환자를 인수하고 그들에게 적절한 치료를 받을 수 있는 기회를 부여하며 가능한 한 조기에 그들을 원대로 복귀시키는 데 있었다.

보병연대는 화력과 기동 및 근접전으로 적을 포획 또는 격멸하였는데 사단의 주기동부대로서 통상 사단의 전술적인 운용 및 활동에 통합되었다. 특정진지를 확보하거나 기동부대로서 운용되었으며, 여하한 기상 및 지형조건 하에서도 작전할 수 있었고 예하부대에 대하여 제한된 전투근무지원을 제공할 수 있었다. 보병연대의 편성장비표는 작전임무를 수행하는 데 필요한 최소한의 편성인원과 장비를 규정하고 있으므로 작전임무를 수행하는 데 있어서 항상 상급부대로부터 추가적인 지원을 받았으며, 특수기술이나 특수목적을 위한 장비와 추가적인 군수지원은 통상 사단급 이상 부대로부터 이루어졌다. 이 지원부대들은 임무 및

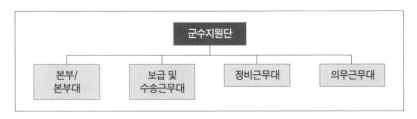

〈그림 3-6〉 보병사단 군수지원단 편성

출처: 『야전교범 61-100 보병사단』(대전: 교육사령부, 1972), p. 3.

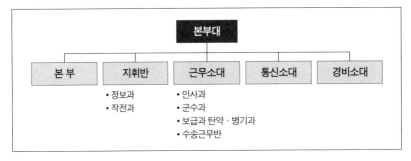

〈그림 3-7〉 보병연대 본부대 편성

출처: 『야전교범 7-40 보병연대』(대전: 교육사령부, 1978), p. 6.

작전지역에 의하여 요구되는 바에 따라 연대에 배속되거나 지원되었다.

보병연대의 군수지원과 관련된 부대는 본부대로서, 본부대는 〈그림 3-7〉에서 보는 바와 같이 본부, 지휘반, 근무소대, 통신소대, 경비소대로 구성되었다. 본부대 편제상에 있는 전투지원 및 전투근무지원부대들에 대한 전술적 운용은 연대장이 직접 관장하며 본부대장은 이들 인원에 대한 행정 및 보급을 지원하고 이를 유지하는 책임이 있었다.

본부대 본부는 본부 및 본부대의 보급과 행정업무를 취급하는 데 필요한 장교와 병사로 구성되었다. 지휘반은 정보업무를 수행하는 정보과와 부대의 편성, 훈련, 작전과 필요시 민사업무를 수행하는 작전과로 편성되었다. 근무소대는 인사과, 군수과, 보급과, 탄약·병기과, 수송근무반으로 구성되어 있었다. 인사과는 연대의 인사업무를 수행하였으며, 군수과는 보급, 정비, 수송근무 등을 수행함으로써 연대장의 지휘활동을 보좌했고, 탄약·병기과는 탄약과 병기보급품에 관한 모든 사항을 취급했으며, 수송근무반은 연대 차량정비 및 수송 통제에 관한 모든 업무를 수행했다. 근무소대의 기능으로 연대의 인사, 행정 및 보급물자 지원과 폐품, 초과품, 노획품의 수집 및 후송업무를 수행하였고, 연대의 탄약 및 병기보급품을 지원하였으며, 연대 차량의 운영 및 정비를 실시하였다. 기타 통신업무를 수행하는 통신소대와 연대 지휘소의 경계를 담당하는 경비소대로 편성되었다.

제4부

자주국방기
(1982~2005)

1. 국내·외 안보환경

1) 한반도 안보환경

1980년대에 들어오면서 동북아 지역에 대한 세계의 전략적 비중이 점점 커짐에 따라서 미국과 소련은 힘의 우위 확보를 위한 경쟁을 지속하는 한편, 동시에 평화공존과 관계 개선을 추구하는 면모를 보이기도 하였다. 1981년 11월 중거리핵전력 감축 협상에 이어, 1982년 6월부터 개최된 전략무기감축회의를 계기로 대화가 재개됨에 따라 관계 개선의 징후가 보이기는 하였으나, 양국의 기본적인 입장과 견해 차이로 인하여 별다른 진전을 보지 못했다.

미·소 양국의 이 같은 냉전의 와중에서 세계 여러 지역에서는 국지적인 분쟁이 끊이질 않았다. 레바논 사태를 비롯하여 이란·이라크 전쟁, 아프간 사태, 캄보디아 분쟁, 중남미 사태 등 각 지역 분쟁은 해결의 기미가 보이지 않은 채 계속되었다. 미국은 그레나다(Grenada)에 전격적으로 병력을 투입하여, 친공 사회주의 정권을 붕괴시키고 친미 정부를 수립함으로써 미·소의 대결태세는 한층 첨예한 양상을 띠게 되었다. 더욱이 1983년 9월 소련 전투기의 KAL기 격추사건과 동년 10월 북한에 의한 버마 아웅산 국립묘지 폭파로 한국의 많은 주요 인사들이 사망한 사건은 남북관계는 물론 미·소 관계도 악화로 치닫게 했다.

그러나 1980년대 후반의 세계 질서는 신데탕트 시대로 바뀌면서 전후 냉전체제에 있어서 구조적인 변화를 일으키기 시작했다. 이와 같은 대세의 흐름 속에서 세계 각국은 국익 추구를 중심으로 대내·외 정책을 펴게 되었고, 군비경쟁 위주의 군사적 대결보다는 군비 통제와 군축을 통해 전략적으로 안정된 국제환경을 조성하려고 노력함으로써 동·서 진영 국가들 간에 상호 화해와 협력의 분위기가 증대되었다. 또한 동북아 지역은 미국의 영향력이 감소되는 현상과 소련의 진출 강화, 일본과 중국의 국력 증대에 따른 영향력 확대 노력 등으로 지역 내의 세력구조는 점차 이들 4강의 균형체제로 개편되는 추세를 나타내고 있었다. 특히 일본이 급속한 성장으로 세계 제2의 경제대국으로 발돋움하였고, 더욱이 중국과 선진공업국들의 출현으로 동북아를 중심으로 한 아·태지역의 세계 경제상 비중이 현저하게 증대되었다. 이러한 가운데 미·소 간에 중거리 핵미사일 폐기 협정의 체결과 소련군의 아프가니스탄 철군과 함께 중·소 간의 관계 개선 등으로 표면적으로는 긴장 완화에 진전이 있는 듯하였으나 한반도 지역에서 미·소·중·일의 이해관계 상충에 따른 본질적인 전략적 경쟁 상태는 지속되고 있었다.[1]

1985년 소련 공산당 서기장으로 고르바초프가 취임하면서 신(新)사고에 의한 개혁, 개방정책을 추진하였고, 이러한 정책의 영향으로 고르바초프와 미국의 부시 대통령 간 미·소 첫 정상회담이 1989년 12월

---

1   국방부, 『건군 50년사』, pp. 345~347.

지중해의 작은 섬 몰타에서 개최되었다. 이 회담에서 미·소 협조시대의 개막을 알렸고 제2차 세계대전 이후 40여 년간 계속되어 왔던 미·소 중심의 냉전 종식을 선언하였으며, 이에 따라 한반도에도 냉전 구도에서 획기적인 변화가 일어나기 시작하였다. 그러던 중 독일이 1990년에 통일되었고 다음 해에 소련이 붕괴되면서 강대국 간의 전면전 위험성은 감소되었으나 각 지역 내의 국지분쟁 요인들은 여전히 내포되어 있었다. 1990년대에 이르러 전쟁양상은 첨단과학기술을 군사적으로 이용한 단기속결전의 양상으로 변화되고 있었는데, 걸프전이 대표적이라고 할 수 있다.

북한의 동향을 살펴보면 1990년대 초에 이르러 동구공산권 국가들과 구소련의 연속적인 붕괴에 자극을 받은 북한은 주체사상에 입각한 폐쇄정책을 강화하면서 세습 권력체제를 유지하는 데 총력을 기울였다. 북한은 독일의 통일을 비롯한 동서 간 냉전 구도의 와해 이후, 한국이 구소련 및 중국과 수교하면서 한반도 주변 안보환경이 자신들에게 불리하게 작용됨에 따라 체제 존립의 불안, 경제적 난국, 국제적인 고립 등의 총체적 위기상황에 처하게 되자 이를 타개하기 위해 핵개발에 박차를 가하였다. 1998년 8월에는 북한이 일본 전역에 이를 수 있는 장거리 미사일을 발사하였고 사정권이 북미 대륙에 이르는 미사일까지 개발하고 있는 것으로 추정되어 세계를 들끓게 하였다. 이상과 같이 1990년대 중반 이후 북한은 핵 및 미사일 개발 전략으로 피폐한 경제난국을 타개하고 한국에 대한 군사 우위의 입장을 유지하기 위해 주력해오면서 1999년 5월 서해 5도지역에서 조업을 이유로 해상도발을 시도했으나 한국 해군의 우세한 전력 대응으로 실패에 끝난 후 군사적인 면에서 소강상태가 유지되었다. 그 후 2000년대에 들어와서 한국정부의 지속적인 햇볕정책 추진결과 북한 당국이 남·북 정상회담에 동의하고 김대중 대통령을 초청함으로써 2000년 6월 15일 한국의 김대중 대통령이 평양을 방문하여 북한의 김정일 국방위원장과 역사적인 남·북 정상회담을 개최하기에 이르렀다. 양측은 회담 후 6·15 남·북 공동선언문을 발표하여 남북 화해 및 평화통일에 많은 진전이 있었으나, 북한의 남한에 대한 적화통일 전략이 근본적으로 변화되었다고 보기는 어려웠다.[2]

2) 한미동맹의 발전

작전통제권을 한국군으로 전환하기 위한 한·미 간 논의는 1987년 8월, 당시 노태우 대통령 후보가 '작전통제권의 환수와 용산기지 이전'을 선거공약으로 제시하면서 시작되었다. 1991년 11월에 열린 제13차 한미군사위원회회의(MCM: Military Council Meeting)에서 양국 간 평시 작전통제권을 1993년에서 1994년 사이에 전환하고, 전시 작전통제권의 전환은 1996년 이후에 협의하는 것으로 합의하였다. 이에 따라 정전 시(평시) 작전통제권 전환을 위해 〈표 4-1〉과 같이 1994년 10월 6일 한미군사위원회회의에서 '전략지시 제2호'를 하달하였고, 10월 7일 제26차 한미안보협의회의(SCM)에서 한미연합군사령부 '관련 약정'(TOR: Terms of Reference)을 체결하였다. 이에 따라 1994년 12월 1일부로 국군에 대한 정전 시(평시) 작전통제권은 한미연합사령관에서 한국 합참의장에게 전환

---

2   육군본부, 『육군 무기체계 50년 발전사』, pp. 633~634.

되었으며, 한미연합군사령관은 전시작전통제권과 연합권한위임사항 (CODA)[3]을 행사하게 되었다.

〈표 4-1〉 한미연합군사령부 관련 약정(TOR) 및 전략지시 제2호

구분	관련 약정(TOR)	전략지시 제1호
체결 일시	1994년 10월 7일(제26차 SCM)	1994년 10월 6일(제16차 MCM)
대표	• 한국: 이병태 국방장관 • 미국: 페리 국방장관	• 한국: 이양호 합참의장 • 미국: 샬리 캐시빌리 합참의장
구성	• 기존 권한위임사항 내용 추가 보완 　*연합사령관: 정전 시 연합권한 위임 　사항 행사 • 연합사 지휘관계 재정립(전·평시 　구분)	• 한국군 작전통제 　– 정전 시: 한국 합참의장 　– 전시: 한미연합사령관 • 전시 작전통제 전환 시기 명시

출처: 국방부, 『국군과 대한민국 발전』(서울: 국방부 군사편찬연구소, 2015), p. 126.

1950년 7월 이래 44년 만에 한국군이 정전 시(평시) 작전통제권을 갖게 되자, 당시에 김영삼 대통령은 이를 자주국방의 새로운 전기로써 제2의 창군이라고 평가했다. 한국군은 평시에 주도적으로 경계임무, 초계활동, 군사대비태세 강화 등 전쟁이 발발하기 전까지의 부대 운영에 관한 권한을 가지게 되었으며, 한국군에게 적합한 군사력의 건설과 군사교리, 교육훈련도 계획할 수 있게 되었다. 특히 합참은 작전권을 수행하는 최고사령부로서 역할이 크게 강화되었으며, 한국군 4성 장군인 한

3　연합권한위임사항(CODA: Combined Delegated Authority)은 전시 작전 통제되는 한국군 부대에 대해서 평시부터 행사하도록 위임한 권한으로써 연합위기관리, 작전계획의 수립, 연합연습, 연합 3군 합동 교리발전, 한미연합정보 관리와 C4I 상호운용성 등 6개 분야이다. 국방부, 『국방백서 2008』(서울: 국방부, 2008), p. 68.

미연합사의 부사령관이 지상구성군사령관을 겸임하는 등 한국군의 지휘범위가 확대되었다.[4]

3) 국방자원의 가용성

국방예산은 〈표 4-2〉에서 보는 바와 같이 전두환 정부는 1982년부터 1987년까지 국가경제의 약 4.8%, 중앙정부 예산의 약 28.9%를 사용하였으며, 노태우 정부는 1988년부터 1992년까지 국가경제의 약 3.4%, 중앙정부 예산의 약 24%, 김영삼 정부는 1993년부터 1997년까지 국가경제의 약 2.7%, 중앙정부 예산의 약 18.1%, 김대중 정부는 1998년부터 2002년까지 국가경제의 약 2.3%, 중앙정부 예산의 약 13.2%, 노무현 정부는 2003년부터 2005년까지 국가경제의 약 2.3%, 중앙정부 예산의 약 11.4%를 사용하였다. 이 기간 국방예산은 국가경제의 약 4.8% 수준에서 2.3% 수준으로, 중앙정부 예산은 약 28.9% 수준에서 11.4% 수준으로 저하되었다.

---

4   국방부, 『한미동맹 60년사』, pp. 275~277.

〈표 4-2〉한국의 실질 GDP, 중앙정부 재정지출, 국방비(1982~2005)

(단위: 10억 원)

연도	실질 GDP (A)	정부 재정지출		국방비		
		액수 (B)	GDP 대비 점유율 (B/A)	액수 (C)	GDP 대비 점유율 (C/A)	정부 재정지출 대비 점유율 (C/B)
1982	17086.009	3064.890	17.9	937.770	5.5	30.6
1983	21272.149	3506.496	16.5	1031.669	4.9	29.4
1984	25614.492	3841.075	15.0	1087.707	4.3	28.3
1985	29844.667	4656.289	15.6	1265.154	4.2	27.2
1986	36570.816	5544.540	15.2	1493.138	4.1	26.9
1987	45305.227	6534.843	14.4	1788.541	4.0	27.4
1988	58148.024	8069.942	13.9	2227.953	3.8	30.0
1989	69985.704	10148.522	14.5	2574.334	3.7	25.4
1990	93181.807	13429.741	14.4	3128.395	3.4	23.3
1991	123260.635	18390.601	14.9	3857.822	3.1	21.0
1992	151909.348	23317.948	15.4	4675.119	3.1	20.1
1993	183067.513	27528.345	15.0	5440.772	3.0	19.8
1994	233615.790	33035.657	14.1	6430.057	2.8	19.5
1995	292742.746	43245.940	14.8	7558.210	2.6	17.5
1996	342379.793	51388.123	15.0	8712.403	2.6	17.0
1997	392722.028	61325.248	15.6	10208.903	2.6	16.7
1998	406312.177	72048.340	17.7	10690.860	2.6	14.8
1999	441596.128	73157.457	16.6	10524.860	2.4	14.4
2000	491632.880	84516.698	17.2	11205.508	2.3	13.3
2001	551908.250	102885.773	18.6	12341.497	2.2	12.0
2002	630123.470	116946.732	18.6	13533.028	2.2	11.6
2003	693332.582	142669.319	20,6	14975.154	2.2	10.5
2004	770909.128	155905.376	20.2	16668.256	2.2	10.7
2005	817699.800	162964.901	19.9	18760.211	2.3	11.5

출처: 이필중, "한국 국방예산의 소요와 배분에 관한 연구(1953~현재)", p. 190.

상비병력은 1970년 말에 60.8만 명 수준에서 1986년에 63만 명으로 증가하였고, 1989년에는 65.5만 명, 2006년에는 66.9만 명으로 지속 증가하였다.[5]

국방자원은 예산 측면에서 보면 국가경제와 중앙정부예산 대비 국방예산이 지속적으로 감소하였고, 병력 측면에서는 약간 증가하였음을 알 수 있다.

---

5   국방부, 『국방백서 2018』, p. 89. 제2절 상비병력 감축 및 국방인력구조 개편.

2. 군내 군사안보환경

1980년대에 이르러서 국방 분야의 영역 확대와 자주국방 태세를 확립하는 것에 모든 역량을 집중시키기 위해서 국방목표를 개정하고, 국방정책도 북한의 대남 무력도발에 대처하고 민족자존과 평화통일을 뒷받침하기 위해 자주국방 태세 확립, 군사대비태세 완비, 국가 총력 방위태세 강화, 한·미 연합 방위체제 유지를 기본방향으로 설정하여 추진하였다.[6]

1) 군사전략의 변화

육군은 1981년 교육사령부와 교리발전부를 창설한 후 북한이

---

6   국방부, 『건군 50년사』, pp. 353~354.

1980년대 초반 소련의 '대담한 돌진전법'[7]을 모방하여 발전시킨 '고속기동전'에 대응하기 위해 1983년 『작전요무령』 3차 개정판을 발간하면서 미군의 공지전투, 기존의 '공세적 방어'와 '기동전'[8] 개념을 접목하여 '공세적 기동전'을 정립했다. 이를 '육군의 작전개념'으로 지칭하면서 창군 이래 처음 교리문헌에 육군의 작전수행개념을 공식화하였다. 공세적 기동전이란 "가용 전투력을 신속하게 집중하여 예기치 않은 방향에서 적의 결정적인 부대 및 지역에 강력한 최초 타격으로 균형을 와해하고 적의 전 종심을 신속하게 후속 타격하는 것"이다. 공세적 방어가 수적으로 우세한 북한군 공격을 방어작전을 통해 극복하라고 강조한 반면, 공세적 기동전은 지형 등 방어의 이점은 수적 열세를 극복하는 데 있어 충분치 못하므로 기동과 공격을 강조하는 개념으로 변경한 것이다. 공세적 기동전의 요소로 주도권의 확보 및 유지, 종심전투,[9] 동시전투,[10] 민첩한 작전 행동을 강조했다.

육군은 1980년대 중반 이후 개념에 의한 전투발전체계(CBRS: Con-

7　과거 소련군인 종래의 강압식 전법만으로는 대전차 유도탄 등 강력한 화력망으로 다중 배비된 근대적 방어진지를 돌파할 수 없게 되면서 분권화된 소규모의 제병 연합제대로 다정면 돌파를 기도한 새로운 전법을 말한다. 육군본부, 『야전교범 3-0-1 군사용어사전』, p. 142.

8　적의 군사력을 물리적으로 파괴하는 것보다는 기동을 통해 심리적 마비를 유발토록 하여 최소의 전투로 결정적 승리를 달성케 하는 전쟁수행 방식이다. 합동참모본부, 『합동교범 10-2 합동 · 연합작전 군사용어사전』, p 65.

9　결정적인 시간과 장소에서 적 전투력 집중과 제파식 공격을 방해하기 위해서 적과 접촉하는 전선뿐만 아니라 접촉선 전 · 후방의 전 종심에서 적을 약화하고 이동하지 못하게 하는 전투 방법이다. 육군본부, 『육군 교리발전사』, p. 2-14.

10　가용한 전투력을 어떤 시 · 공간상에서 일치시켜 동시전투를 실시함으로써 통합된 힘을 발휘하고 상대적 전투력 우세를 달성하는 전투방법이다. 육군본부, 『육군 교리발전사』, p. 2-27.

cept-Based Requirements System)[11]를 정립하면서 장차전 양상, 적 위협 등 작전환경의 변화를 고려하여 1989년『작전요무령』4차 개정판에 '기본전투개념'이라는 명칭으로 '공세적 전 전장 동시전투'를 채택한 이후 7년간 적용했다. 공세적 전 전장 동시전투란 "미래 한반도 전쟁 양상을 북한의 장거리 화력과 특수작전부대에 의해 전·후방 구분 없이 피아가 혼재된 비선형 전투가 수행될 것으로 예상하고, 전·후방 동시전투를 통해 적의 증원 역량과 배합전 능력을 무력화하는 작전개념"이다. 공세적 전 전장 동시전투를 성공적으로 수행하는 데 필요한 기본요건으로 적극성, 즉응성, 통합성, 동시성 등 네 가지를 제시했다. 적극성은 조기에 주도권을 장악하고 승리하기 위한 필수요건으로 사고와 의지이며, 즉응성은 적보다 먼저 보고 결심하여 먼저 행동하는 것으로 예하부대에 융통성을 부여하여 적의 기도를 혼란시키고 대응시간을 박탈함으로써 아군이 기선을 확보하고 유지하여 전장 주도권을 장악하는 것을 보장하는 것이다. 통합성이란 "제 작전 요소 간의 협조 및 통합을 보장하는 것"으로 전장기능의 통합과 효과적인 제병협동, 각 제대의 노력을 통합, 연합군 및 타군의 전투력 통합, 작전의 형태와 수단 및 방법의 통합을 제시했다. 동시성이란 "가용 전투력이 작전목적에 부합토록 시간 및 공간 면에서 동시적 발휘를 보장하는 것"으로 적지종심지역, 근접지역, 후방지역작전의 동시적 수행, 공방 동시전투, 상하 제대별 임무의 동시 수행을 강조했다.

---

11 현재 및 장차전에서 '어떻게 부대를 만들 것인가?'(편성), '어떻게 무기 및 장비를 갖출 것인가', '어떻게 훈련할 것인가?' 등 전투발전 요소별 소요를 제기하고 예산을 투입하여 이들을 건설해 나가는 일련의 통합적인 체계를 말한다. 육군정보학교,『전투실험용어사전』(이천: 육군정보학교, 2018), http://intsch.army.mil, 2022. 5. 31.

1990년 818계획에 따라 합동참모본부를 창설하고 합동군제로 전환함에 따라 육군은 합동 교리와 연계하여 한국적 작전수행개념 발전을 목표로 1996년 '지상군 전법'이라는 명칭하에 '입체고속기동전[12] · 도로견부 위주 종심방어[13] · 공세적 후방지역작전[14]'을 채택했다. 지상군 전법이란 "'육군이 현재 및 장차전쟁에서 가용한 수단과 방법을 효과적으로 배비 및 운용하여 어떻게 싸워서 승리할 것인가?'를 체계화한 전투수행방법"이다. 이는 육군참모총장 윤용남 장군이 '한국적 지상군 전법'을 발전시키라는 지침을 기초로 1996년『작전요무령』5차 개정판에 육군의 기본전투개념 및 기준교리로 공식화하여 3년간 적용했다.

이후 육군은 1999년에 북한 위협에 대응하기 위해 '지상전장운영개념'이란 명칭으로 '공세적 동시 · 통합전투'를 채택하여 2004년까지 육군의 작전수행개념으로 적용했다. 공세적 동시 · 통합전투란 "가용한 제 작전 요소를 동시 및 통합 운용하여 전투력 발휘 효과를 극대화하고 결정적인 시간과 장소에서 상대적인 전투력 우세를 달성하며, 공세적인 전투를 통해 주도권을 장악하여 최소의 전투와 희생으로 승리를 달성하

---

12 지상 · 해상 · 공중의 전 작전공간을 이용하여 전 종심으로 신속히 기동함으로써 적의 중심을 와해하고 전투의지를 파괴하여 최소의 전투로 결정적 승리를 달성하는 공격 전법이다. 육군본부,『육군 교리발전사』, p. 2-20.

13 도로를 연한 종심 깊은 고속기동을 차단, 격멸하기 위해 적 주력의 주요 기동로만 도로견부를 따라 병력 · 화력 · 장애물을 통합하여 중점적으로 배치하되, 산악지형에서는 계곡은 봉쇄하고 산악 능선에 대해서는 종심배비하며, 통합전투수행체계를 확립하여 적의 속도전 작전체계를 와해하고 공격 템포를 차단함으로써 공세 이전 여건을 조성하는 방어작전 전법이다. 육군본부,『육군 교리발전사』, p. 2-22.

14 적의 세포분열식 연속 타격에 대비해서 군 · 관 · 민 제 작전 요소를 효과적으로 통합하고, 적을 먼저 찾아 아 중심에 도달하기 이전 적극적 공세행동을 통해 격멸함으로써 아군의 전쟁지속능력을 보장하고 후방지역의 안정을 유지하는 후방지역작전 전법이다. 육군본부,『육군 교리발전사』, p. 2-24.

는 개념"이다. 이를 구현하기 위한 기본요건으로 주도권, 민첩성, 동시성, 통합성, 종심성 다섯 가지를 정립하였고, 공격작전 시 '입체고속기동전', 방어작전 시 '공세적 방어'[15]를 작전수행개념으로 제시했다.[16]

2) 과학 및 무기체계 발전

제1차 율곡사업은 1970년대 초 안보환경의 변화에 따른 자주국방 능력 배양의 필요성에 따라 대(對)북한 군사력의 현저한 격차를 줄이기 위해 1974년 방위세법을 입안하면서 1974~1981년간에 방위산업의 육성과 더불어 막대한 예산을 투자하여 추진했었다.

그러나 시행과정에서 빈번한 사업조정과 수정 등으로 투자가 분산되고 무기체계 선정에 있어 착오가 발생한 데다가 운영유지비가 급증하는 등의 이유로 대북한 전력 비율은 1973년의 50.8%에서, 제1차 율곡사업이 종료된 1981년에 이르러 54.2%로서 8년 동안에 불과 3.4%의 전력 격차밖에 줄이지 못한 것으로 나타났다.

이에 따라 제2차 율곡계획이 최초 1982~1986년간을 대상으로 작성되었으며, 1983년에 국방예산 개혁작업이 진행되면서 제1차 율곡계

---

15 전장을 조기에 적지종심지역으로 확대하여 정보우위를 달성함과 동시에 전투력을 공세적으로 운용함으로써 주도권을 확보하고 최단 시간 내 적 전투력 소모와 작전한계점 도달을 강요함으로써 공세 이전의 여건을 조성하는 방어작전 개념이다. 육군본부, 『육군 교리발전사』, p. 2-28.

16 육군본부, 『육군 교리발전사』, pp. 2-2~2-28.

획 추진 시 적용하였던 목표지향의 고정계획으로부터 사업시행 중에 변화요인을 매년 수정 보완하는 연동계획으로 변경함으로써 사업의 효율성을 제고시키고자 하였다. 이때부터 제2차 율곡계획이라는 계획명칭을 사용하지 않게 되었다.

제2차 율곡사업 추진방향은 두 가지로 첫째는 질적인 전력을 증강하는 입장 즉, 방어전력보다는 공격전력을 중시하여 공·수 양면의 신축성 있는 억제전력 증강을 강조하는 것이고, 둘째는 양적 증강을 위주로 하는 입장 즉, 적의 침공에 대비하여 전쟁 초기에 충분한 방어력을 발휘할 수 있는 방위전력 증강에 중점을 둔다는 것이었다.

이 기간 중 육군에 증강된 기능별 무기체계는 먼저 기갑 및 대기갑 무기로써 88한국형 전차(일명 K-1 전차)를 개발하는 한편 M47 및 M48 전차의 성능을 개량하여 전차의 대북한 수적 열세를 질적으로 보완하였고, 토우(TOW) 대전차 미사일을 도입하였고, 기존의 M-113 장갑차에 추가하여 이탈리아에서 경장갑차를 도입하여 한국형 장갑차를 개발 실전배치함으로써 기갑 및 대기갑 능력과 기동력을 크게 향상시켰다.

그리고 155mm 자주포와 다련장 로켓포 등의 화력무기체계를 개발하였고 중고도 방공무기체계인 호크의 성능을 개량하여 저고도 무기인 발칸포와 함께 실전 배치하고 휴대용 대공유도탄인 자브린을 도입하여 수도권을 비롯한 주요시설에 배치함으로써 방공 전력을 크게 향상시켰다.[17]

제2차 율곡사업 종료 후에는 1990년대 초 발생한 걸프전의 교훈과 장차 주한 미군의 감축과 역할 변경에 대비하기 위해 가용자원의 적정

---

17   육군본부, 『육군 무기체계 50년 발전사』, pp. 480~482.

배분으로 전투효과를 극대화하기 위하여 전쟁억제 효과가 큰 핵심 전력을 우선 확보하고, 주한 미군의 주둔정책과 연계하여 2000년대에는 독자적인 전력구사가 가능토록 한다는 전력정비 방향을 설정해서 추진하였다.

이에 따라 1990년대 중반까지는 방위전력 확보를 위한 전술조기경보체제의 구축과 기존 현용전력의 내실화에 중점을 두고 1990년대 후반부터는 억제전력을 보완하기 위한 첨단 무기체계를 확보한다는 목표하에 방위력 개선사업을 추진하였다.

1995년 이후 육군은 전략환경의 변화와 장차전 양상과 대응개념을 고려하여 입체고속기동전을 수행할 수 있도록 전차, 자주포, 장갑차, 헬기 등의 핵심무기체계와 전투공병장비 및 전투근무지원 분야 등을 중점 보강하여 단위전력의 전투효율성 증대와 전쟁지속능력 강화를 위한 개선사업을 시행하였다.

기동분야 무기체계의 경우 공세적 기동전 수행에 필요한 새로운 장비를 개발 확보하여 초전 전투력 발휘를 보장하도록 추진하였다. 입체고속기동전의 주축이 되는 기갑 전력을 보강하기 위하여 1985년부터 화력·기동력·방호력이 우수한 한국형 K-1 전차 및 K-200 장갑차를 양산 배치하고, 기동분야 무기체계의 질적 개선을 지속적으로 추진하여 기동전을 효과적으로 수행할 수 있는 여건을 마련하였다. 포병전력의 경우 실시간 통합화력 운용체계를 구축하기 위하여 전력구조를 체계적으로 정비하여 화력지원 능력을 강화시키고 기동성의 증대와 작전 반응시간 단축을 위해 화포 무기체계를 자주화하였다. 사격지휘체계를 전산화하고 장거리 타격수단 및 표적획득 수단을 확보하여 화력운용의 효율성을 증대시키는 등 화력운용체계를 단계적으로 발전시켜 나갔다. 공중

기동 전력은 차세대 대형 공격헬기와 중·대형 기동 및 소형 헬기를 도입하는 동시에 야간작전 및 은밀침투가 가능한 항공탑재 장비를 확보하여 생존성 보장과 작전수행 능력을 증진시켰다. 기동지원 전력은 기동성 향상을 통한 작전반응시간을 단축시켜 전투부대에 대한 근접지원이 원활하게 이루어질 수 있도록 장갑차, 다기능화된 기동장비 위주로 발전시켰다. 지휘통제 무기체계로써 C4I체계[18]의 개념이 정립되었으며, 군단급 이하 전술제대의 전장통제를 위한 전술지휘통제 무기체계가 전력화되어 1998년부터 군단급 이하 연대 및 독립 대대급 이상 부대에 배치되었다.

이 기간 중 주요 무기체계로 소화기는 MP5 기관단총, MSG-90 저격소총, K-4 고속유탄기관총이 전력화되었고, 대전차화기로 독일제 PZF-3와 러시아로부터 차관상환 대신 메티스M 대전차미사일을 인수하였다. 화력지원 장비로 155mm 자주곡사포(K-9), 대구경 단련장(MLRS), 표적탐지레이더(AN/TPQ-36/37), 전술 지대지유도무기(ATACMS)가 전력화되었다. 전차는 K-1 전차를 개량한 K1A1, K-1 구난전차가 야전에 배치되었고, 러시아 차관상환 형식으로 T-80U 전차를 인수하였다. 기동지원 무기체계로 K532 전술차량, 육군에 1998년 MLRS가 도입되면서 함께 도입된 M985 HEMMT 차량, 장갑차로 K200 보병전투

---

18 C4I체계(Command Control Communication Computer & Intelligence System)는 지휘관의 지휘통제 업무 자동화를 위해 지휘관에게 부여된 임무 달성을 위한 가용자원을 효율적으로 활용해서 전투력의 상승효과를 발휘할 수 있도록 지휘, 통신, 정보 및 컴퓨터의 제반 요소를 유기적으로 통합하고 연결하여 실시간 분석, 적시 결심 및 전파가 가능토록 하는 모든 시설, 장비, 절차로 구성되는 지휘통제체계, 먼저 보고 먼저 결심해서 먼저 행동할 수 있도록 전력을 배치 및 운영하는 총체적인 수단과 절차를 포함한다. 국방부, 『국방과학기술용어사전』, http://dtims.dtaq.re.kr.8070/search/main/index.do, 2022. 5. 27.

차, K263A1 발칸 탑재 장갑차, K-200 화력 강화형 장갑차, 러시아로부터 차관상환 일환으로 BMP-3 보병전투차를 인수하여 전력화하였다. 공병기동지원 무기체계로 공병 장갑전투도저(KM9 ACE), 교량전차(K1 AVLB), 간편 조립교(MGB), 지뢰지대 통로개척 장비(MICLIC), 휴대용 통로 개척장비(POMINS-Ⅱ)가 전력화되었다. 방공 및 유도 무기체계로 휴대용 대공유도탄인 미스트랄(Mistral)과 이글라(Igla), 지대지 미사일 현무, 지대공 유도 미사일 K-SAM(천마), 30mm 자주대공포(비호), 저고도 탐지레이더(TPS-830K)가 전력화되었다. 항공기 무기체계로 중형 공격헬기인 AH-1S, 중형 기동헬기인 UH-60, 소형 정찰헬기인 BO-105가 도입되었고, 통신 및 전자 무기체계로 전술형 전화기(TA-512K), 전술형 교환기(SB-30K), FM 무전기로 PRC-999K, P-96K, 해안감시 레이더로 GPS-98K가 전력화되었다. 정보 및 전자전 무기체계로 전자공격(EA) 및 전자전지원장비(ES), 공중양성정보 수집장비(SAR), 공중 신호정보 수집장비(SIGINT), 화생방 무기체계로 화학 자동경보기(KM8K2), 방사능 측정기(AN/VDR-2), 화생방 정찰차로 K-216 장갑형 정찰차, K-316 차량형 정찰차가 전력화되었다.[19]

이 시기는 자주국방 개념이 완성되는 시기로 육군의 주요 무기체계의 전력화가 이루어졌다.

---

19   육군본부, 『육군 무기체계 50년 발전사』, pp. 642~645, 654~729.

3. 군구조

국군의 군 및 부대구조는 미국군 구조 개념을 기초로 발전되어 임무별, 기능별로 편성되기보다는 각 군별, 병과별로 편성되어 있었다. 이러한 구조는 지휘계통이 너무 많아서 의사 전달 반응시간이 늦었으며, 수도 서울의 전략적 종심이 제한되어 북한의 기습공격에 취약하고 협소한 국토 내에서 대량피해의 가능성이 큰 상황을 감안했을 때 한국적 여건에 부합되는 전략개념의 정립, 자주적 군사력 건설, 통합전력 발휘를 보장하는 군 구조 개선은 절실한 과제였다. 이에 따라 1980년 10월 군구조위원회가 구성되어 각 군의 유사기능 및 기구 통폐합이 추진되었는데, 주요 추진내용은 상부구조의 소수정예화, 지휘계통 단순화, 유사기구의 통합, 행정 지원병력 감소 등이었다. 육군은 각 도별로 유지하였던 4개 관구사령부를 해체하고 지휘계층 단순화를 위해 노력해서 40개 부대의 유사기능을 통폐합하였으며, 행정 지원 병력을 감소시켰다.

〈그림 4-1〉과 같이 A군사령부 예하로 1987년 4월에 ○○군단이 창설되어 동해안 축선에 대한 방어토록 하였으며, 1982년 8월에 ○○군단이 창설되었고 1983년에 C군사령부 예하로 예속되었다. B군사령부

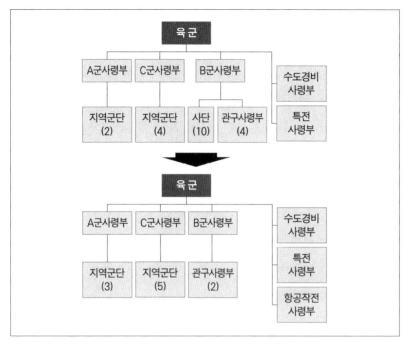

〈그림 4-1〉 육군 부대구조 발전(1982~2005)

출처: 국방부, 『국방 100년의 역사』, p. 100.

예하 4개 관구사령부가 1982년 10월부터 1983년 4월까지 해체되었으며, 1987년 4월에 2개 군단을 창설하여 향토사단을 통제토록 하였다. 육군 직할부대로 1984년 1월 수도경비사령부가 수도방위사령부로 개편되었으며, 1989년 7월에 항공사령부가 창설되었다. 항공사령부가 제대별로 분산되어서 지상부대의 전술적 지원 위주로 운용되었던 것을 1999년 4월에 육군항공작전사령부(이하 육군 항작사)로 개편하여 전략적·작전적·공세적 운용이 가능토록 하였다.

육군 항작사 예하 제대도 권역별로 지원전력, 전략 예비전력으로 구분하여 편성하였으며, 강습여단을 육군 항작사에 예속 전환하였다.

이처럼 제병합동작전 수행체제가 구비됨으로써 육군 항작사는 제한된 독립작전 수행과 공세작전 시 주축전력으로 운용할 수 있게 되었다. 2000년 6월에는 특전사 부대구조를 다양한 위협에 보다 신속히 대처할 수 있는 구조로 개편하였고, 화생방전에 신속한 대비가 가능하도록 육군 예하에 1999년 6월에 창설한 화생방방호사령부를 2002년 2월 다시 국군화생방방호사령부로 전환하여 화학전과 대테러 위협에 대한 대응능력을 보강하였다.

전략적 수준, 작전적 수준, 전술적 수준 등 전쟁수행의 수준이라는 용어가 육군 교리로 반영된 것은 2003년 교육회장 03-3-18 『작전술』에서 '전쟁의 수준(Level of War)'으로 최초 포함되었다. 이후 2005년판 『지상군 기본교리』를 발간하면서 '전쟁의 수준'을 '군사작전의 수준'으로 변경하여 반영하였다.[20]

이 시기에 전략적 수준, 작전적 수준, 전술적 수준으로 부대를 구분하면, 전략적 수준은 육군본부이고, 작전적 수준은 3개의 군사령부이며, 전술적 수준은 군단, 사단, 연대급 이하 제대이다.

---

20 육군본부, 『육군 교리발전사』, p. 2-58.

4. 군수지원체제

병과별 지원체제는 창군 초기에 군의 규모가 작고 별도의 군수체제를 갖출 수 없는 상황에서 군수문제를 해결하기 위해 전투부대를 지원하는 병과들이 자생적으로 지원소요를 병과별로 획득 분배하는 체제로 발전시킨 측면이 없지 않다. 또한 미군의 교리와 원조를 의존하던 시기였기 때문에 미군의 체제를 자연적으로 모방하여 정립되었다. 군수사령부가 설치되어 독립적인 군수지원체제를 갖게 된 이후에도 과거의 군수지원체제들을 흡수 통합함으로써 자연스럽게 병과별 지원체제는 유지될 수 있었다.

그러나 병과별 지원체제는 병과별로 동일기능이 중복 편성되어 비능률적이고 비경제적인 면이 많았다. 이에 따라 지원받는 부대는 다수의 병과부대와 거래를 해야 하기 때문에 전투준비보다는 군수지원에 많은 행정적 노력이 소요되었다. 이러한 문제점을 해소하고 전투부대가 전투에 전념할 수 있도록 지원체제의 전환이 요구되었다.

또한 군 규모가 커지면서 방대한 군수지원업무를 효율적으로 추진하기 위해서는 군수기능별로 통합된 시스템과 기능별 전문성이 요구되

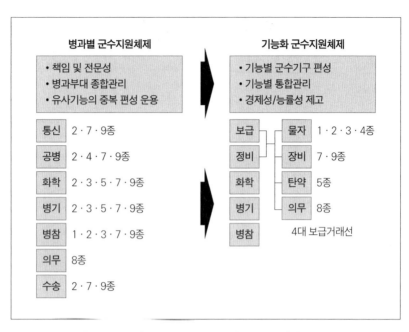

〈그림 4-2〉 병과별 군수지원체제에서 기능화 군수지원체제로 변화

출처: 이상돈 · 김은홍 · 이상형, "미래지향적인 군수지원체제", 『군수관리보』 제21호(계룡: 육군본부, 2005), p. 26.

었다. 이를 위해서는 계획과 집행에 있어서 기능별 집중화된 활동이 가능한 업무조직이 필요하게 되어 1982년 4월 1일부로 기능화 지원체제가 탄생하게 되었다. 〈그림 4-2〉는 병과별 군수지원체제에서 기능화 군수지원체제로 변화되는 사항을 나타내고 있다.

기능화 군수지원체제의 개념을 살펴보면 "동일 종류 또는 유사 성질의 업무나 상호 밀접한 관계에 있는 기능이 다른 편성체에 내포되어 있을 때 중복과 낭비를 제거하기 위하여 하나의 기구로 통합시키는 조직 편성원칙에 의거 병과별 지원체제를 통합하여 군수지원 기능분야별로 지원하는 체제"라고 정의된다. 다시 말하면 각 병과별로 보급, 정비

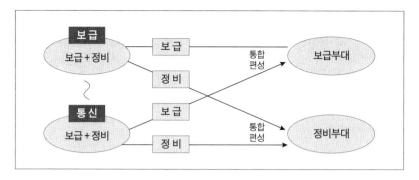

〈그림 4-3〉 기능화 군수지원체제로의 조직 통합형태

출처: 이재춘·김광림, "장차전 양상을 고려한 효율적인 군수지원체제", pp. 2-5.

등 군수기능을 독자적으로 수행함에 따라 각 병과마다 보급과 정비 인력이 편성되어 인력 운용상 중복되고 낭비가 발생하는 문제점이 있었다. 또한 군수기능이 각 병과별로 산재됨으로 인해 기능별 인력양성이나 전문성 확보, 기능별 통합된 계획발전이 어려웠다. 따라서 각 병과부대는 본연의 임무수행에 전념토록 하고 군수지원은 군수부대에서 통합해서 지원하기 위해, 〈그림 4-3〉과 같이 각 병과 내에 있는 군수기능(보급, 정비 등)을 군수부대로 통합하되 군수기능별로 부대와 조직을 통합 편성(보급부대, 정비부대 등)하고 전문화한 것이 기능화 군수지원체제라고 할 수 있다.

이러한 기능화 군수지원체제 도입 경과를 살펴보면, 1980년대에 이르러 선진우방국들의 기능화 군수지원체제로 전환, 군수행정업무 전산화 확대, 군수관리기법 발전, 종합군수관리제도의 도입 등 군수관리의 과학화가 빠른 속도로 진행되어 육군의 군수관리체제 개편이 요구되었다. 특히 1980년대에 본격적인 자주국방체제를 구축하면서 종전까지의 병과 통합 관리체제하에서 동일기능의 군수품을 7개 병과에서 각각 소요를 제기하고 조변함으로써 과학적인 군수관리가 불가능하고, 장비 및 물자 등의 연구개발에 있어 고도정밀 복합무기체계의 관리유지가 곤란하고, 야전 전투근무지원면에 있어서 병과별 지원으로 통합 및 집중지원이 곤란한 문제점이 대두되어 현대전 개념에 부합된 방향으로 개편이 요구되었다.

이와 같은 상황에서 1980년도에 설치한 국가보위비상대책위원회에서 정부조직체제 면의 불합리한 요소를 대폭적으로 개선하기 위한 과제 검토대상에 육군의 군수지원체제 개편 문제가 주요 연구과제로 승인되어 1980년 8월 7일 국가보위비상대책위원회의 연구지시가 있게 되었다.

1980년 10월 13일부터 10월 17일까지 육본은 2회에 걸친 정책회의를 실시하여 육군의 군수지원체제를 병과관리체제에서 기능통합관리체제로 개편하는 방안을 결정하였다. 당시 결정내용은 전군 군수지원체제의 일관성 유지와 군수 각 계층의 관리조직을 단순화하고 중복되거나 유사한 기능을 통폐합하기로 했다. 육군본부와 군사령부의 군수기능은 지휘기구로서의 책임만 가지고 군수기능별 정책, 제도, 방침만을 설정토록 하였고, 군수사령부와 야전군수지원사령부가 군수지원 집행기구로서의 책임을 담당하고 운영하도록 기능을 조정하였으며, 전방사단에 근접지원 능력을 보강하여 군수 현대화를 촉진하는 개념하에 군수지원체제를 개편하는 것이었다.

따라서 구체적인 개선방향은 군수관리와 조직관리를 통합하여 군수 현대화를 촉진하되, 군수체제 변화로 야기될 수 있는 혼란을 최소한으로 감소시키는 방향으로 군수책임을 이관하게 하여 상·하 제대의 임무와 기능을 재조정하는 것이었다. 기능별 군수관리 통합은 보급, 정비, 탄약, 의무, 수송 등 5개 기능으로 구분해서 통합을 추진하였고, 군수관리의 과학화에 필요한 군수통신의 현대화, 전산화 처리 영역의 확대, 기술개발 및 시험평가의 발전 등 군수 현대화를 추진하도록 하였다.

이와 같은 개념에 따라 1981년 1월 1일부터 군수조직 개편이 추진되었는데 육군본부는 1981년 1월 1일부로 병기, 병참, 수송의 3개 기술병과감실을 해체하여 군수참모부로 통합하였고, 공병, 통신, 화학감실의 군수기능을 군수참모부로 전환하여 육군의 대부분 군수 정책기능을 군수참모부 단일부서에 통합 편성하였다.

육군본부 군수참모부는 육군조직개편계획에 따라 통합전투력의 육성과 관리업무를 효율적으로 수행할 수 있도록 전면 개편하였는데, 개편 개념은 각 기능별 전담조직 및 업무수행체계를 일원화하고, 하급제대와 중복되는 통제기능을 위임하였고, 계급별, 신분별 필수인력소요를 조정하면서 잠정부서를 해체하였다. 따라서 군수참모부는 기획운영처와 소요관리처를 통합하여 군수기획처로 편성하고, 물자근무처와 장비처를 통합하여 보급처로 편성하였으며, 전력증강업무와 관련된 율곡사업분야 기능과 시설분야 기능을 전력기획참모부와 공병감실로 이관하였다. 이러한 군수참모부의 기구개편은 군수분야 자체의 필요성보다는 군수 주변환경 변화에 영향을 받아 개편되었으며, 1990년대 시행된 818계획[21], 1995년도 육군조직 개편계획에 따라 군수기구의 축소를 가져오게 되었다. 이와 같은 과정에서도 자립 군수지원체제에 부합된 군수기구 편성발전을 위해 군수운영 및 집행기능을 군수사령부로 대폭 이양하고, 군수참모부는 군수정책 및 계획발전 기능 위주로 정비 편성하

---

21 노태우 정부의 국방개혁안으로 장기 국방태세 발전방향을 육해공군이 병립하는 합동군 제도로 개편하겠다는 계획이다. 김동한, 「군구조 개편정책의 결정 과정 및 요인 연구」, p. 2.

게 됨으로써 군수기획 및 제도발전, 소요관리 기능을 강화하게 되었다. 그러한 결과로 기능화 군수지원체제 개편 당시 6개처 26개과에 달했던 군수참모부는 1990년 818계획에 의한 개편 후 4개처 17개과로, 1995년 도에 3개처 11개과로 축소 편성되었다.[22]

---

22   육군본부, 『군수변천사』, pp. 1004-738~786.

5. 군수부대의 구조

1) 전략적 군수부대

군수사령부는 기능화 군수지원체제로의 전환에 따라 1981년 7월 1일부로 〈그림 4-4〉에서 보는 바와 같이 병과별 지원통제부서를 무기체계별 지원부서로 개편하여 군수지원부를 편성하였고, 군수관리 기능을 전담하는 관리발전부를 별도로 편성하였다.

1982년 9월 1일부로 '물자개발연구단'을 해체하고 임무 및 기능을 사령부로 흡수하여 관리발전부 예하에 기술지원처를 연구개발처로 개편하여 소규모 물자개발 연구기능과 함께 국방부 보급목록업무를 수행하도록 하였다. 1988년에는 탄약사에서 수행하던 탄약 재고통제 기능을 군수사령부로 전환함에 따라 군수지원부에 탄약처를 편성하게 되어 군수사령부의 전군 군수지원 통제조직이 9개처에서 10개처로 증가하였다.

군수사령부는 1990년대 초에 첨단의 정밀무기체계를 운용한 걸프전 양상을 분석한 결과 군수지원 면에 있어서 정비의 중요성을 더욱 인

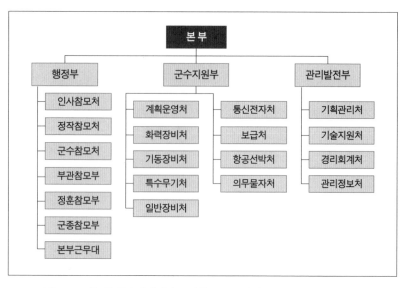

〈그림 4-4〉 기능화 군수지원체제로 전환 후 군수사령부 조직형태(1981. 7. 20)

출처: 육군본부, 『군수변전사』, p. 1004-557.

식하는 계기가 되었으며 1992년도에 정비지원을 활성화하기 위한 기능화 군수지원체제 보완방침으로 기지 및 야전의 군수지원통제조직을 보급기능과 정비기능을 분리하여 개편하였다. 1992년 7월 군수사령부는 〈그림 4-5〉와 같이 관리발전부를 군수지원부로, 기존의 군수지원부를 소요보급부와 장비정비부로 구분하여 보급기능과 정비기능을 분리하여 편성함으로써 비로소 기능화 군수지원체제에 부합된 조직을 갖추게 되었다. 세부개편 내용으로 새롭게 편성된 군수지원부는 기존 군수지원부 예하에 편성되어 있던 계획운영처를 개편된 군수지원부로 전환하여 1개처가 증가된 5개처로 개편하였으며 관리정보처를 전산처로 명칭을 변경하였다. 기존의 군수지원부 예하에 무기체계 및 물자별로 편성되었던 10개처들은 보급기능과 정비기능을 분리하여 소요보급부와 장비정

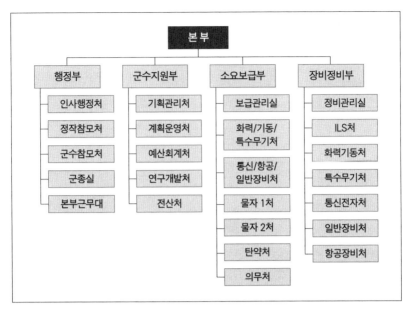

〈그림 4-5〉 1992년 조직개편 후 군수사령부 조직형태(1992. 7. 1)

출처: 육군본부, 『군수변천사』, p. 1004-779.

비부로 분리 편성하였으며, 소요보급부는 각 처의 운영과 보급기능을
통합하여 1실 6개처로, 장비정비부도 각 기능처의 정비기능을 분리하여
1실 6개처로 편성하였다. 1995년도에는 수리부속의 보급기능을 소요보
급부에서 장비정비부로 전환하면서 기능화지원체제의 개념에서 벗어
나서 일부 보급기능이 정비기능과 통합되는 기능화지원체제의 변형을
가져오게 되었다.

　군수사령부 예하부대는 종합정비창이 1982년 4월에 A정비창으로
명칭을 변경하였고, 중앙폐품수집소는 중앙수집대로, 차량재생창은
B정비창으로 개편하였고, 1982년 5월에 수송정비보급창을 C정비창으
로, 1991년 6월에 특수무기일반지원대가 E정비창으로 개편하였다. 이

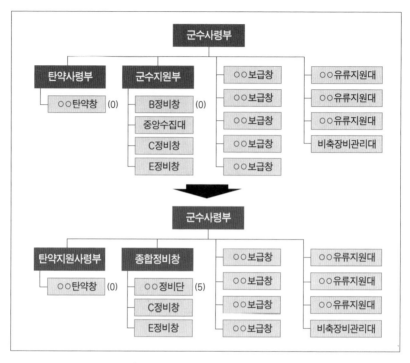

〈그림 4-6〉 군수사령부 예하부대 조직개편

출처: 육군본부, 『군수변천사』, p. 1004-781.

후 주요 변화 사항으로 〈그림 4-6〉과 같이 1982년 9월에 탄약사령부를 탄약지원사령부로 명칭을 변경하였으며, 1996년 2월 1일부로 A정비창을 모체로 종합정비창을 창설하면서 예하로 B정비창과 중앙수집대를 통합하면서 5개 정비단 편성으로 개편하였고, C · E정비창은 별도로 유지하였다. 보급조직은 2002년 10월에 대전과 부산에 있던 2개 보급창이 세종지역에 1개 보급창으로 통합되었다.

2) 작전적 군수부대

  야전군을 지원하는 군수지원사령부 개편과 관련해서는 1982년 기능화 군수지원체제로 개편 전까지 A, B, C군수지원사령부의 군수분야 참모부는 병과별로 보급통제부를 편성해서 재고통제업무를 실시하였으며, 보급통제부는 종합기능만 수행하는 병과 통합 지원개념으로 군수지원을 실시하였다.

  그러나 1982년 4월 1일부로 기능화체제 개편지침에 따라 야전군 예하 3개 군수지원사령부는 군수사령부의 편성 변화를 고려하여 〈그림 4-7〉에서 보는 바와 같이 개편이 이루어졌다. 7개 병과의 보급정비지원 통제부서를 기능화 지원체제 변화에 맞추어 군수 기능별 지원통제 구조로 개편하였다. 화력기동처의 보급기능을 분리하여 화력기동장비보급처로 전환하고, 통신전자 보급기능과 일반장비 보급기능을 통합하여 통신전자일반장비보급처로 개편하였으며, 일반물자처는 보급기능만 수행하도록 조정하였다. 또한, 전 무기 및 장비체계의 정비기능을 통합하여 정비처를 편성하고 의무, 수송 기능은 별도로 편성하였으며, 군수지원처를 지원통제처로 명칭을 변경하고 동원과를 편성하여 야전군 군수동원 업무를 전담하도록 하였으며, 탄약과를 편성하여 탄약 재고통제 기능을 수행하도록 전시 군수계획 기능을 보강하였다. 예하부대도 병참, 병기 공병 등 병과별 부대로 편성되어 있던 것을 보급, 정비 수송 등 기능부대로 개편하였다. 이러한 예하 기능별 부대는 피지원부대의 부대구조와 임무에 따라 융통성 있게 편성하였다.

  군수지원사령부는 야전군 책임지역 내의 부대에 대한 군수지원을 실시하였으며, 예하 기능부대에서 사용부대까지 기능별로 지원함을 원

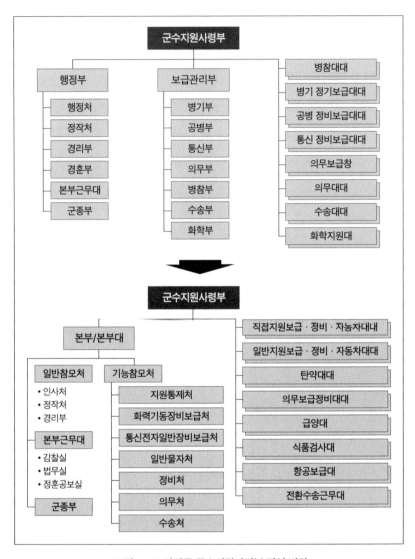

〈그림 4-7〉 야전군 군수지원사령부 편성 변화

출처: 육군본부, 『야전교범 19-21 군수지원사령부』(대전: 교육사령부, 2003), pp. 1-3~6.

칙으로 하나 필요시 편조하여 통합지원할 수 있었다. 군수기능별 지원
은 주로 보급, 정비, 수송, 근무지원 기능을 수행하며 다양한 전장 상황

에서도 즉각적으로 지원할 수 있었다.

이러한 평시 야전군 군수지원 기구의 편성 개념은 한국적인 군구조 및 지형의 협소, 일일 수송권 등 지형의 특성을 고려하여 전군에서 군수지원사령부로 하여금 군수지원을 전담하고 군단은 전술작전에만 전념토록 하는 야전군 중심 군수지원체제로서 전시 전환의 공백을 방지하고 중간 지휘 및 지원계통을 배제하며 군수지원사령부와 전투부대 간에 직거래를 유지함으로써 신속한 지원보장과 집중지원이 용이하도록 하며 각종 군수지원 수단은 통합 운영함으로써 경제적이고 능률적인 군수지원을 할 수 있도록 하였다.

B군 지역은 1983년도에 관구사령부를 해체하기 전까지, 관구 군지단에 의해 지역별로 군수지원을 실시하다가 1986년 10월에 B군 지역 각 군지단의 부대들을 통합하여 E군수지원사령부를 창설하였다. E군수지원사령부는 〈그림 4-8〉에서 보는 바와 같이 본부 및 본부근무대와 예하에 기능별 부대를 편성하였는데, 군수지원사 직할부대와 3개의 군수지원단 예하로 보급근무대, 정비근무대, 수송근무대, 급양대를 편성하였다. 이후 1988년에 군수지원사 직할부대로 의무보급창과 식품검사대가 창설되었으며, 1989년에 의무보급창은 의무보급근무대로 명칭을 변경하였다.[23]

---

23   육군본부, 『군수변천사』, pp. 1004-782~798.

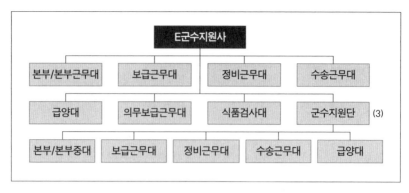

〈그림 4-8〉 E군수지원사령부 편성

출처: 육군본부, 『군수변천사』, p. 1004-798.

3) 전술적 군수부대

　군단 군수지원단은 전시에 군수지원사령부와 예하대대 간의 중간 지휘기구로서 창설되어 군수지원사령부에 예속되며 군수지원사령관의 지휘통제를 받으며 군수지원사령부의 군수지원 방침 및 지침에 의거 군수지원 계획을 수립하고 예배속부대를 운용하며 군수지원 업무를 수행하였다. 군단 군수지원단이 군단에 배속되었을 시는 군수지원사령부의 기본 방침 및 지침 범위 내에서 군단장이 운영 통제하며, 지역지원 개념에 의해서 군단 작전지역 부대에 대한 군수지원 임무를 수행하였다.

　군단 군수지원단은 군단지역에 위치하여 군단에 대한 군수지원을 전담하는 부대로서 군단 군수지원단장은 군수지원에 관한 제반사항에 대해 군단장에게 첩보를 제공하고 군수지원상 문제점에 대해 조언을 하며 군단의 지원참모와 협조하여 군단의 전술상황에 맞는 군수지원 임무

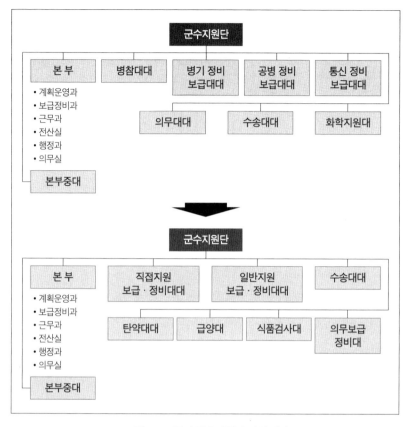

출처: 육군본부, 『교육회보 04-3-11 군수지원단』(대전: 교육사령부, 2004), p. 2-2.

를 수행할 수 있도록 군수지원부대 운용계획을 수립하여 시행하며 군단
과 군수지원사령부 간의 업무통제 및 조정 역할을 하였다.

　이러한 군단 군수지원단의 세부 편성 변화를 알아보면 〈그림 4-9〉
에서 보는 바와 같이 단 본부와 본부중대 편성은 유사하나 예하 부대들
의 편성이 기능화 지원체제 변화를 고려하여 개편되었다. 기존에 병참,
병기, 공병 등 병과별로 편성되어 있던 것이 보급대대, 정비대대, 수송대

대, 탄약대대, 급양대, 식품검사대, 의무보급정비대 등 기능별 부대로 조정되었다. 이러한 전시 배속부대의 규모는 임무와 지원 업무량에 따라 변동될 수 있는 융통성을 가졌다.

군단 군수지원단의 기능은 예배속부대를 지휘하여 피지원부대에 대한 보급, 정비, 수송, 급양, 의무보급, 근무지원에 관한 사항에 대해서 운영·감독·협조하였고, 예배속부대에 대해서 기술, 교육, 훈련에 대한 지휘통제와 감독을 실시하였으며, 전산망에 의해 보급, 청구 및 조치 행위 중계, 예배속부대의 자체 경계에 대한 지휘통제 및 감독, 자체부대의 시설 및 부동산 관리를 실시하였다.

기본전술제대인 보병사단은 전투, 전투지원, 전투근무지원의 기능을 갖춘 육군의 기본적인 제병협동부대였다. 보병사단의 군수부대 편성 변화를 알아보면 〈그림 4-10〉에서 보는 바와 같이 기존에는 보병사단을 지원하기 위한 부대들을 통합하여 군수지원단으로 편성하였던 것을 기능별 군수지원체제의 변화를 고려하여 보급수송대대와 정비대대로 분리 편성하였다.

보병사단 보급수송대대의 임무는 사단에 소요되는 1, 2, 3, 4, 10종[24] 보급품의 보급 및 근무지원과 제한된 병력의 수송지원으로 사단이 작전적 목표를 달성하는 데 기여하는 것이며, 대대본부와 1개 보급중대, 1개 수송중대로 편성되어 있었다. 대대본부는 대대의 지휘통제소로서 대대 및 예하중대 임무수행에 대하여 전반적으로 지휘, 통제, 조정, 감독업무를 수행하였으며, 본부, 운영행정과, 보급통제과, 탄약근무소대로 편성

24　10종은 영현 등 비수요 품목을 말한다. 국방부, 『군수품 관리훈령』, http://law.go.kr, 2022. 5. 31.

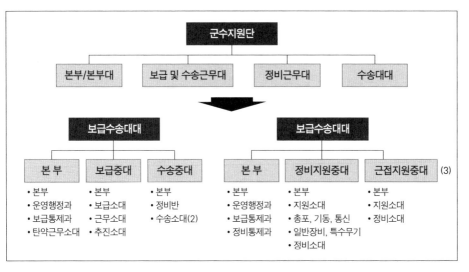

〈그림 4-10〉 보병사단 군수부대 편성 변화

출처: 육군본부, 『야전교범 61-100 보병사단(차기보병사단)』(대전: 교육사령부, 1993), pp. 28~29.

되었다. 보급중대는 사단에 소요되는 1, 2, 3, 4, 10종 보급품의 수령, 저장, 분배, 처리와 영현근무 등의 업무를 수행하였으며 중대본부 및 본부반, 보급소대, 근무소대, 추진소대로 편성되었다. 수송중대는 보급품 및 제한적인 병력 수송지원을 제공하였으며 중대본부와 정비반, 2개 수송소대로 편성되었다.

보급수송대대의 기능으로 인가된 보급품에 대한 보급수준 및 전투예비량을 확보 및 유지하였고, 1, 2, 3, 4, 10종 보급품의 지원 소요 대 능력을 판단하고 보급품을 청구, 획득, 저장, 분배 및 처리하였으며, 군사지도의 수령, 저장, 분배, 처리업무를 수행하였다. 급수 분배계획을 수립 및 지원하였고, 사단 작전계획에 따른 의명 추진보급소를 운용하였으며, 초과품 및 폐품처리와 탄약전환보급소 운용 시 근무지원을 실시하였다. 영현근무지원과 제한된 병력 및 수송지원, 사단 예하 독립작전 부대에 대한 공중보급, 예하 중대 지휘 및 감독업무를 수행하였다.

보병사단 정비대대의 임무는 사단 예하부대에 대한 장비 및 수리부속의 보급과 야전정비지원을 실시하였으며, 대대본부와 1개 정비지원중대, 3개의 근접지원중대로 편성되었다. 대대본부는 대대 행정 및 편성 군수업무를 수행하였고, 사단 보유장비에 대한 장비 및 수리부속 보급과 정비지원을 통제하였으며, 본부와 운영행정과, 정비통제과, 보급통제과로 편성되었다. 정비지원중대는 사단 직할대 및 포병연대 보유장비에 대한 야전 정비지원을 제공하였고, 본부와 지원소대, 총포정비소대, 기동정비소대, 통신정비소대, 일반장비정비소대, 특수무기정비소대로 편성되었다. 근접지원중대는 3개가 편성되어 전방 전투부대에 대한 근접정비지원을 실시하였는데, 중대 예하로 본부와 지원소대, 정비소대를 편성하였다.

정비대대의 기능으로 화력, 기동, 통신, 일반장비, 특수무기에 대한 3계단 및 제한된 4계단 정비지원을 실시하였고, 전투부대에 대한 근접정비지원, 장비 및 수리부속의 획득, 저장, 분배업무를 하였으며, 장비구난 및 후송업무와 기술지도 및 신교리를 전파하였다.

보병연대는 편성상 전투지원, 전투근무지원부대가 제한되므로 작전에 투입 시는 통상 사단으로부터 전투지원, 전투근무지원부대를 추가로 지원받아 제병협동부대를 편성하여 작전을 수행하였다.

보병연대의 군수 관련 부대편성 변화를 알아보면 〈그림 4-11〉에서 보는 바와 같이 기존에 본부대 예하의 근무소대에 탄약·병기과와 수송근무반을 편성했던 것에서 연대 본부중대 예하로 정비반과 탄약반을 편성하였다. 연대는 전시에 일반적으로 사단으로부터 근접지원중대 1개

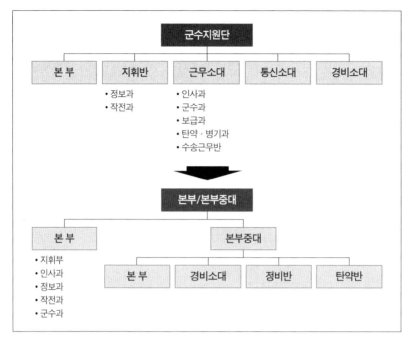

〈그림 4-11〉 보병연대 본부 및 본부중대 편성 변화

출처: 육군본부, 『야전교범 9-7 보병연대』(대전: 교육사령부, 2002), p. 1-3.

를 지원받아 임무를 수행하였다.

보병연대 본부는 지휘부와 참모부서로서 인사과, 정보과, 작전과, 군수과로 편성되었다. 지휘부는 연대 부대지휘의 핵심이면서 원동력으로 연대장과 연대 주임원사 등으로 편성하였다. 연대 참모부서로서 인사과는 연대의 인사업무를 수행하였으며, 정보과는 정보 및 보안업무를 수행하였고, 작전과는 편성, 교육훈련, 작전과 필요시 민사업무를 수행하였으며, 군수과는 보급, 정비, 수송근무 등을 수행함으로써 연대장의 지휘활동을 보좌했다.

본부중대는 본부와 경비소대, 정비반, 탄약반으로 편성되었다. 본부는 본부중대를 지휘 및 통제할 수 있도록 중대장과 행정보급관 및 행정요원으로 편성되었다. 경비소대는 연대의 주둔지 방호 및 경비업무를 수행할 수 있도록 소대장과 소대병력으로 편성하였다. 정비반은 차량정비 및 수송 통제, 수리부속 보급에 관한 모든 업무를 수행하였으며, 탄약반은 탄약 및 병기보급품을 지원하는 임무를 수행하였다.

제5부

국방태세발전기
(2006~2023)

1. 국내 · 외 안보환경

1) 한반도 안보환경

　세계정세는 미국 주도의 국제질서가 유지되고 있는 가운데 지역강국의 부상 등으로 국제질서의 변화가 요구되는 도전요인들이 증가하고 있다. 즉, 전통적 갈등요인에 따른 국지 분쟁이 여전히 발생하고 있는 가운데, 초국가적 위협은 지속 확산됨으로써 국제사회의 안보 불확실성은 더욱 증대되고 있고, 경제 분야의 불안정성과 미래 전쟁양상 변화 등 새로운 안보위협도 증가하고 있다. 이러한 가운데 세계 각국은 핵과 미사일, 사이버 공격, 테러, 감염병 등 다양한 안보위협에 대해 공동 대응을 통해서 지역 안정과 세계평화에 기여토록 국제적으로 공조 노력을 강화하고 있다.

　동북아 지역은 경제분야에서는 상호의존성이 높아지면서도 안보분야는 협력 수준이 높지 않은 아시아 패러독스(Asia's Paradox)[1] 현상이 지

1　한 · 중 · 일 3국이 경제 분야는 상호 의존도가 높아지는 반면 정치, 안보 분야는 갈등이 심화

속되고 있다. 또한, 지역 국가들은 군사적 우위와 영향력 확대를 위해 군사력을 증강함과 동시에 이해관계를 같이하는 국가들과 양자 및 다자 협력을 강화하고 있다. 그리고 미국이 군사적 우위를 유지하고 있는 가운데, 일본과 중국, 러시아도 해·공군력을 중심으로 군사력을 증강시켜 나가고 있고, 미국의 '아시아 재균형 전략'과 중국의 부상에 따라 협력과 경쟁의 미·중 관계가 동북아 안보 질서에 있어서 핵심변수로 작용하고 있다.[2]

북한은 김정은 권력 승계 이후 유일 지배체제를 공고히 하고 체제를 안정시키는 데 주력하고 있다. 남북관계에 있어서 주도권을 확보하기 위해 화전양면전술을 구사하면서, 국제사회의 제재와 고립으로부터 탈피하기 위해서 외교활동을 전개하고 있다. 그리고 핵 및 탄도미사일을 비롯한 대량살상무기 개발, 재래식 전력증강, 접적지역에서의 무력도발, 사이버 공격 및 소형무인기 침투 등 지속적인 도발을 통해서 한반도와 동북아뿐만 아니라 세계평화를 심각하게 위협하고 있다.

국내적으로 보면 한반도에서의 전쟁위험을 제거하고 완전환 비핵화와 항구적 평화정착을 위한 다양한 노력이 지속되었으나, 이러한 노력에도 불구하고 북한의 핵 및 미사일 개발은 더욱 가속화되고 있어 한반도의 가장 큰 위협이 되고 있다.

되는 현상을 의미, 즉 동북아 국가 간 경제적 의존성이 높아짐에도 불구하고 과거사, 영유권 분쟁 등으로 인해 정치, 안보 분야 협력은 이에 미치치 못하는 것을 의미한다. 동북아역사재단, "아시아 패러독스란?", https://blog.naver.com/postview, 2022. 6. 20.

2   국방부, 『국방백서 2014』(서울: 국방부, 2014), pp. 8~13.

2) 한미동맹의 발전

한국의 국력 상승과 주한미군을 포함한 미군의 군사변혁 등 군제 안보환경의 변화에 따라 2000년 이후 전시작전통제권 전환의 필요성이 대두되었다. 2005년 제37차 한미안보협의회의(SCM)에서 한미 국방장관은 '지휘관계와 전시작전통제권 전환에 관한 논의를 가속화'하기로 합의했으며, 2006년 9월 16일 한미 간 정상회담에서 전시작전통제권을 한 측으로 전환한다는 기본원칙에 합의했다.

2007년 2월 23일 양국 국방장관은 2012년 4월 17일부로 전시작전통제권을 전환하고 한미연합군사령부도 해체함과 동시에 미군과 한국군 간 새로운 '주도ㆍ지원'관계로 전환을 합의했다. 2007년 6월 28일 실시된 상설군사위원회(PMC)에서 한국 합참의장과 주한미군 선임장교는 '전략적 전환계획(STP: Strategic Transition Plan)에 서명한 후, 2007년 11월 제39차 한미안보협의회의에서 양국 국방장관이 승인하여 전시작전통제권 전환을 위한 실질적 추진기반을 마련하였다.

북한이 2009년 핵실험과 장거리 탄도미사일을 발사하고 2010년 천안함을 폭침하는 등 연속적으로 군사도발을 일으키면서 남북 긴장국면을 조성하자, 한국은 안보 불안정을 이유로 전시작전통제권 전환의 시기 조정을 미국에 요청했다. 양국 간 긴밀한 협의를 거쳐서 2010년 6월 한미 정상은 한반도의 안보상황에 대한 안정적인 관리와 내실 있는 전시작전통제권 전환의 보장, 안보상황에 대한 국민적인 우려를 해소하기 위해서 전시작전통제권 전환 시기를 2012년 4월 17일에서 2015년 12월 1일로 조정하기로 합의하였다.

그러나 북한이 2012년 12월에 장거리 로켓을 발사하고 2013년

2월에 제3차 핵실험을 감행하는 등 핵 및 미사일 위협이 증가하자, 한미 양국 정부는 2014년 10월 한미안보협의회의를 통해 '조건에 기초해서 전시 작전통제권 전환'을 추진하기로 합의했다. 즉, 한국군이 한미 연합 방위를 주도적으로 할 수 있는 핵심 군사능력을 확보하고, 한반도 안보 환경이 안정적으로 관리되어 전시작전통제권 전환에 부합되는 조건이 달성될 때 전환하기로 한 것이다.[3]

2018년 10월 개최된 제50차 한미안보협의회의에서 양국 장관은 향후 한반도 안보상황의 변화를 고려하여 전시 작전통제권 전환에 필요한 조건 충족여부 공동평가를 위해 지속적으로 노력해 나가기로 하였다. 전시 작전통제권 전환 이후 미래 연합사령부는 현재의 '미군 사령관, 한국군 부사령관'에서 '한국군 사령관, 미군 부사령관' 체제로 변화될 예정이며, 전환 이후에 적용할 연합지휘구조(안)는 〈그림 5-1〉과 같다. 한미 양국은 새로운 편성안을 적용하여 2019년부터 연합연습을 시행한 후, 이를 보완·발전시키고 실제 전시작전통제권을 전환하는 시점에 최종 편성안을 확정할 예정이다.

전시작전통제권 전환을 위해서 한국군은 핵심군사 능력 및 북한의 핵·미사일 위협에 대비한 필수 대응능력 확보가 필요함에 따라서 2015년 '조건에 기초한 전시작전통제권 전환계획'이 확정된 이후에 포괄적 핵·미사일 위협에 대한 대응능력을 확보하기 위해서 노력하였다. 특히 '국방개혁 2.0'과 연계해서 전시 작전통제권 전환에 필요한 추가전력 소요를 체계적으로 반영시키고 있다. 한미는 계획 및 정책, 동맹관리, 군사전환의 3개 분과위원회를 바탕으로 한미안보협의회의, 한미군사위

3   국방부,『국군과 대한민국 발전』, pp. 134~135.

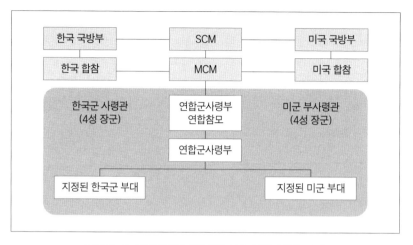

〈그림 5-1〉 전시작전통제권 전환 이후 연합지휘구조(안)

출처: 국방부, 『국방 100년의 역사』, p. 399.

원회회의, 조정위원회 등 연합 이행 감독체계를 통해서 전시작전통제권 전환에 대한 준비상태를 주기적으로 평가하고 있다. 또한, 전시작전통제권이 한 측으로 전환되면 한국군 연합사령관이 유사시 미군 증원전력을 포함한 대규모 한미연합전력을 지휘하여 전쟁을 수행해야 하므로 한국군이 주도하는 새로운 연합지휘구조를 적용한 한미 연합연습과 검증을 통해 부족한 부분을 보완하고 전쟁 수행능력을 제고시키기 위해 노력하고 있다.

전시작전통제권 전환의 의의는 첫째, 한미동맹을 포괄적인 전략동맹으로 발전시키는 계기가 될 것이다. 포괄적 전략동맹은 한반도의 방위를 한국이 주도하게 됨으로써 동북아 평화와 공존을 위해 새로운 협력적 안보 질서를 구축하고, 한미 간에 파트너십을 확대하는 것이다. 한미는 이러한 정신에 따라 전시 작전통제권 전환을 통해 동맹관계를 재조형하는 과정에 있다. 둘째, 전시작전통제권 전환을 통해 한국군이 전투입무 위주의 강군으로 거듭나는 계기가 될 것이다. 셋째, 한국의 안보를 한국군이 책임지는 능력을 보유하게 됨으로써 대내외적으로 한국군의 위상을 높이게 될 것이다. 한국군은 한반도 전구 작전수행을 위한 작전계획을 주도적으로 수립 및 발전시키게 될 것이며, 미군 전력을 포함 육·해·공군 작전을 주도하게 될 것이다.[4]

3) 국방자원의 가용성

국방예산은 〈표 5-1〉에서 보는 바와 같이 이명박 정부 2008년부터 2012년까지 국가경제의 약 2.3%, 중앙정부예산의 약 14.7%를 사용하였으며, 박근혜 정부 2013년부터 2016년까지 국가경제의 약 2.3%, 중앙정부 예산의 약 14.2%, 문재인 정부 2017년부터 2020년까지 국가경제의 약 2.4%, 중앙정부 예산의 약 13.7%를 사용하였다. 이 기간 국방예산은 국가경제의 약 2.3~2.4% 수준을 유지하였고, 중앙정부 예산은 약 14.7% 수준에서 13.7% 수준으로 저하되었다.

---

4   국방부, 『국방 100년의 역사』, pp. 398~400.

⟨표 5-1⟩ 한국의 실질 GDP, 중앙정부 재정지출, 국방비(2006~2020)

(단위: 10억 원)

연도	실질 GDP (A)	정부 재정지출		국방비		
		액수 (B)	GDP 대비 점유율 (B/A)	액수 (C)	GDP 대비 점유율 (C/A)	정부 재정지출 대비 점유율 (C/B)
2006	857856.5	174478.2	20.3	19991.5	2.3	11.5
2007	948321.3	175655.2	18.5	22267.9	2.4	12.7
2008	1033804.7	216150.4	20.9	24943.5	2.4	11.5
2009	1116004.9	242306.4	21.7	27648.1	2.5	11.4
2010	1265308.0	241171.2	19.1	29562.7	2.3	12.3
2011	1354003.9	283729.9	21.0	31905.6	2.4	11.3
2012	1413270.6	298411.1	21.1	33814.5	2.4	11.3
2013	1479476.0	297540.0	20.1	35704.4	2.4	12.0
2014	1545966.2	297709.9	19.3	37169.5	2.4	12.5
2015	1654405.3	262622.4	15.9	37555.0	2.3	14.3
2016	1741798.2	279439.6	16.0	38842.1	2.2	13.9
2017	1833395.5	284047.2	15.5	40334.7	2.2	14.2
2018	1901237.9	303930.3	16.0	43158.1	2.3	14.2
2019	1921691.4	333550.7	17.4	46697.1	2.4	14.0
2020	1919769.8	390146.8	20.3	48378.2	2.5	12.4

출처: 이필중, "한국 국방예산의 소요와 배분에 관한 연구(1953~현재)", p. 190; 국방부, "일반부록3 연도별 국방비 현황", 『국방백서 2020』, p. 289.

상비병력은 2006년까지 66.9만 명 수준으로 증가하였으나 2006년부터 국방개혁이 추진되면서 2013년 63.3만 명, 2017년에 61.8만 명으로 감소하였고,[5] 2020년에 약 55.5만 명 수준으로 감소되었으며,[6] 2025년까지 50만 명으로 축소될 예정이다.

국방자원은 예산 측면에서 보면 정부예산 대비 감소하였고, 병력 측면에서도 지속적으로 감소하고 있음을 알 수 있다.

---

5   국방부, 『국방백서 2018』, p. 89. 제2절 상비병력 감축 및 국방인력구조 개편.

6   국방부, 『국방백서 2020』, p. 290. 일반부록4 남북 군사력 현황.

2. 군내 군사안보환경

　정부는 2005년, 과거 국방개혁의 미비점을 분석해서 '국방개혁 2020'을 작성하였으며, 국방관리 전반을 혁신하면서 국방운영의 책임성, 전문성, 효율성 및 투명성을 향상시키기 위한 노력의 일환으로 2006년 국방개혁에 관한 법률 제정을 통해서 미래지향적인 국방개혁을 지속 추진할 수 있는 법적이고 제도적인 기반을 마련하였다. 특히 국방획득 관련해서 제도 개선의 요구가 증대되어 국방부 조달본부를 해체하고 정부조직으로서 방위사업청을 2006년에 신설하여 국방획득업무를 통합하고 제도개선을 추진하였다. 이를 위해 국방기본계획 보완을 통해 무기조달 및 획득체계를 개선하였고, 군의 방위역량 관련 네트워크 중심전(NCW) 수행과 합동성이 실질적으로 발휘되도록 선진화된 전력체계를 구축하고자 하였다. 이에 육군은 참모총장 지휘목표를 구현하기 위한 세부 추진 중점의 하나로 효율적 선진 군수지원체제 구축을 선정하여 추진하였다.

　2010년에는 북한의 천안함·연평도에 대한 무력도발로 군은 전반적인 안보태세를 재점검하고 전투임무 위주의 선진강군으로 나아가기

위해서 서북도서방위사령부를 창설하여 서북도서에 대한 군사대응 및 사이버전 수행 능력을 보강하였다.[7]

1) 군사전략의 변화

육군은 2005년 『지상군 기본교리』를 발간하면서 기존에 '육군의 작전수행개념'이라고 제시하여 온 '지상작전 운영개념'이 비전·개념서 등 기획문서에 제시한 개념과 유사하고, 전면전 시 작전에만 적용 가능한 개념으로 작전지역, 북한군 위협, 아군 능력, 장차전 양상의 큰 변화가 없음에도 불구하고 교범 개정 시마다 명칭만 변경하는 구호적 성격이라고 평가하고 다양한 의견을 수렴하여 삭제했다.

2011년 『지상군 기본교리』를 재발간하면서 변화된 작전환경을 고려하여 '전 전장 공세적 통합작전'을 새로운 지상작전 수행개념으로 정립했다. 전 전장 공세적 통합작전이란 "육군이 해야 할 모든 범주와 영역의 작전을 주도적이고 능동적이며 적극적으로 수행하되, 제반 수단과 활동을 시간·공간·목적 면에서 조직화하고 동시화하여 통합성을 달성하는 것"이다. 이 개념은 상대적으로 정보 우위를 유지한 가운데 제 작전 요소를 결정적 시간과 장소에 통합하고, 작전 지속성을 유지하면서 결정적 기동을 통해 전장의 주도권을 장악·유지 및 확대함으로써 조기에 작전을 종결하고 최소의 전투로 승리하는 것이다. 이를 위해 정

---

7   국방부, 『국방 100년의 역사』, pp. 158~165.

보 우위 달성, 통합성 달성, 주도권의 장악, 결정적인 기동, 작전 지속성의 유지를 중점적으로 수행해야 한다고 강조하였다.

육군은 2010년대 중반 이후 국가안보를 위협하는 요인이 다양해지고, 과학기술의 발전에 따른 육군의 작전수행 능력 향상 등 변화된 작전환경에서 다양한 위협에 최소 희생으로 최단 시간에 승리하고 작전을 종결짓기 위한 새로운 개념이 필요하게 되었다. 이에 따라 2018년판 『지상작전』 교범에서 '결정적 통합작전'을 '지상작전 수행개념'으로 제시했다. 결정적 통합작전이란 "지상작전을 수행하는 모든 전장에서 다양한 위협에 신속하게 대응하기 위해 전투력을 공세적으로 운용하고 결정적 시간과 장소에 전투력을 집중하여 적의 중심을 마비시키며, 가용한 기능·요소·활동을 통합해 최소 희생으로 최단 시간에 지상작전의 승리를 달성하는 개념"이다. 이를 구현하기 위한 기본요건은 다섯 가지로 임무형지휘, 네트워크화된 지휘통제, 유·무인 복합 전투 및 정밀타격, 합동·연합작전 및 제병협동작전, 군사·비군사 분야의 통합을 제시하였다.

이후 육군은 2020년 9월부터 북한의 실체적 위협변화, 국방개혁 2.0 추진에 따른 육군의 작전수행 능력 향상 등 한반도 작전환경의 특성과 변화를 고려한 한국군 고유의 작전수행개념을 구체화하기 위해 변화와 혁신을 추진했다. 2021년 '결정적 통합작전'의 명칭은 유지하면서 지상작전 수행개념을 육군의 작전수행개념으로 변경하고, 대규모 전투작전시 한반도 작전환경에 부합하는 '결정적 통합작전'을 구현하기 위해 방어작전 및 공격작전의 작전수행개념 등을 새롭게 정립하였다. 육군은 2021년 6월 육군 고유의 강점과 첨단 기술을 접목하고 북한과 주변국의 도전 및 기회 요인을 전략적으로 활용하여 억제와 전승을 보장하고,

합동군사전략 구현에 중추적인 역할을 수행하기 위해 「첨단능력 기반 동시방위전략」을 육군의 군사전략으로 정립했다. '첨단능력기반'은 첨단 과학기술로 무장한 정예화된 상비·예비전력으로 육군전략을 구현하는 것을 의미하며, '동시방위전략'은 북한과 주변국의 역학적 복합위협[8]에 압도적인 속도와 비대칭 능력으로 동시 접근하여 '최단기간, 최소 피해, 최대 효과'로 승리를 지향함으로써 국가를 방위하는 것을 말한다. 육군의 군사전략을 구현하기 위한 미래 지상작전 기본개념은 '다영역 동시통합작전'으로 제시했다. 이 작전은 초연결·초지능·초융합 네트워크 중심의 다영역 작전환경에서의 가용 능력과 노력을 효과적으로 동시 통합하고, 공세적인 군사력 운용으로 전장을 지배하여 동시 결전을 통해 전승하는 개념이다. 이에 육군은 부대구조 개편, 국방개혁 2.0에 반영된 장사정 타격체계, 드론봇 전투체계, 워리어 플랫폼 등 5대 게임체인저[9]의 전력화를 추진하였다.[10]

---

8   적대세력과의 위기 상황에서 어느 한 가지 위협으로 조성된 혼란 속에서 다른 위협이 개입하게 되는, 즉 힘의 균형이 변화됨에 따라 위협의 양상이 복합적으로 작용하게 되는 상황을 의미한다. 육군본부, 『육군 교리발전사』, p. 2-39.

9   육군은 한정된 재원을 핵심 전력에 집중 투자하여 국가전략목표를 뒷받침하기 위한 육군의 역할을 구현하고 병력 감축 및 인명 중시 사상을 구현하기 위한 군사력 건설 방향으로 고위력·초정밀·전천후 미사일, 드론봇 전투체계, 특수임무여단, 전략기동군단, 워리어 플랫폼 등 핵심 전력을 5대 게임체인저로 선정했다. 육군본부, 『육군 교리발전사』, p. 2-39.

10 육군본부, 『육군 교리발전사』, pp. 2-29~2-39.

2) 과학 및 무기체계 발전

2000년대에 들어오면서 육군의 중·장기 전력증강 방향을 현재 및 미래의 예상되는 위협에 동시 대비가 가능한 정보화 및 과학화된 질 위주의 정예 지상전력을 구축을 추진하고 있다.

이를 위해 무기체계 획득 중점은 3가지로 첫째, 군사 과학기술 발전추세 및 미래전 양상과 안보위협의 변화를 고려하여 핵심 전력체계를 증강하기 위해 첨단 무기체계의 확보 비율을 점차 증가시키고, 둘째, 현존 전력은 현재 운용 중인 장비를 그대로 유지하면서 기존 편제장비의 현대화 수준을 제고시키며, 셋째, 현존 전력의 효율성을 제고하기 위하여 작전계획 수행에 필요한 긴요 무기체계 소요를 발굴하여 성능 개량을 추진하고, 통합전력 운용을 위해 구성요소 간 불균형을 해소할 수 있는 무기체계를 추가적으로 확보하여 전력화하며, 전력화 지원요소 및 패키지(Package) 요소를 보완하여 전력발휘 능력을 향상시키는 데 중점을 두고 추진하고 있다.

무기체계 획득은 전장감시, 정밀타격, 입체고속기동수단, C4I체계 분야에 주안을 두고 추진하고 있는데, 전장감시 분야는 수도 서울을 중심으로 하여 ○○km 감시권을 선택적으로 조기에 경보할 수 있도록 위성체계를 포함한 합동 차원의 감시장비 수신체계를 구축하기 위해 UAV, 지상감시 레이더 등 육군에 소요되는 전장 감시장비를 확보하고 있다.

정밀타격 전력은 적의 전력, 작전, 전술적 중심을 우선적으로 격파할 수 있는 중·장거리 타격수단과 적지역 깊은 종심지역의 표적획득능력을 확보하고 센서와 타격수단을 실시간에 연동운용이 가능한 사격

지휘통제체제의 구축을 추진 중에 있다.

입체 고속기동 전력은 전장의 광역화와 전투수행 속도의 증가에 따라 이에 부합되는 입체 고속기동전력을 구축하기 위해 기동성과 화력이 획기적으로 증강된 탑승 및 비탑승 기동 무기체계를 확보하며, 피아 식별 및 방호능력 향상, 경량화를 통해 생존성 및 전투지속능력을 확대하고, 기동지원 장비체계를 효율적으로 구축토록 하고 있다.

C4I체계는 제대별 · 기능별 전장 정보를 실시간에 전파 및 공유하고, 감시 및 타격 전력을 연동시켜 통합 전투력 발휘를 보장할 수 있는 체계를 구축하고 있다.[11]

또한, 미래 안보환경 변화에 능동적으로 대응할 수 있는 독자적인 방위역량을 갖추기 위해 4차 산업혁명 기술을 적용한 첨단무기체계와 핵심 · 원천기술 개발을 강화하고 있다. 미래 전장 혁신에 필요한 첨단 센서, 인공지능, 가상현실 · 증강현실 · 혼합현실, 양자정보, 사이버보안, 사물인터넷, 에너지, 신소재, 3D/4D프린팅, 무인 로봇 등 미래 과학기술을 적용한 무기체계 개발로 그 적용 범위를 확장해 나가고 있다.[12]

2006년 이후 현재까지의 기간은 병력집약형 군에서 첨단 과학기술 중심의 군으로 전환하는 기간으로 평가할 수 있다.

---

11 육군본부, 『육군 무기체계 50년 발전사』, pp. 747~749.

12 국방부, 『국방백서 2020』, pp. 112~119.

3. 군구조

　육군은 2006년부터 국방개혁을 추진하고 있으며 전방위적 안보위협에 대응 가능하고, 신속하게 결정적 작전 수행이 가능한 부대구조로 개편을 추진 중이다. 구체적으로 상비병력 감축과 연계해서 군단 및 사단 수를 조정하되, 워리어 플랫폼 도입과 드론봇 전투체계 등을 통해 4차 산업혁명의 과학기술을 기반으로 한 병력절감형 부대구조로 개편하고 있다.

　이 시기 육군은 〈그림 5-2〉와 같이 전방지역에 대한 일원화되고 효율적인 지상작전 지휘 및 수행을 위해 2019년 1월에 제A · C야전군사령부를 통합하여 ○○작전사령부를 창설하였다. B군사령부는 2007년에 B작전사령부로 부대 명칭을 변경하였으며 예하 군단을 해체하고 작전사령부에서 직접 예하 향토사단을 통제토록 하였다. 육군 직할부대로 항공작전사령부는 2021년 12월에 항공사령부로 부대 명칭을 변경하였다. 2006년 9월에 ○○사령부가 창설되었으며, 2018년 4월에 동원부대에 대한 지휘통제와 전 · 평시 동원업무의 효율적 추진을 위해 ○○사령부가 창설되었다. 보병사단 예하에 보병연대는 2020년에 보병여단으로

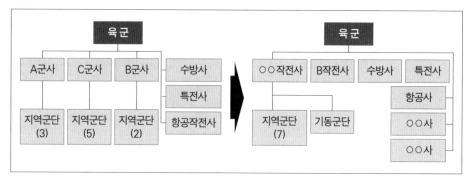

〈그림 5-2〉육군 부대구조 발전(2006~2022)

출처: 국방부, 『국방백서 2006』, pp. 37~38 내용을 보완해서 도식

개편되면서 보다 강화된 개념으로 기능부대들이 편성되었다.

육군의 부대구조 발전을 분석해 보면, 대규모 병력과 다양한 부대 구조 유지로 인해 운용유지에 큰 노력과 비용이 소요되었고, 현대 전장에서 전투력 발휘가 제한됨을 인식하였다. 정보기술과 지휘통제체제의 급속한 발전에 따라 다단계 지휘구조를 더 단순하도록 중간지휘계층을 단축하고, 부대 수를 축소하되 단위부대 편성의 완전성을 보장하여 부대구조의 효율성이 보장되도록 부대구조 개편을 추진하고자 하였다. 즉, 육군은 17만여 명의 상비병력을 단계적으로 감축하되, 기동과 타격력을 보강하여 전력 공백을 방지하고, 생존성과 정밀성이 향상된 공세 기동전 수행이 가능하도록 작전적·전술적 유연성을 확보하기 위해 부대구조 발전을 추진하였다.

이 시기에 전략적 수준, 작전적 수준, 전술적 수준의 부대를 구분하면, 전략적 수준은 육군본부이고, 작전적 수준은 ○○작전사령부이며, 전술적 수준은 군단, 사단, 여단급 이하 제대이다.

4. 군수지원체제

1982년에 적용한 기능화 군수지원체제는 7개 기술병과 내에 유사한 기능을 중복편성 함으로써 비능률적이고 비경제적으로 운영하였던 병과별 지원체제의 문제점을 해소하고, 경제적 군수관리와 전투부대의 군수행정 부담을 감소시키는 데 기여한 것이 사실이었다. 또한, 군수기구의 통폐합과 군수부대를 감소시킴으로써 절약된 병력을 전투부대 증강을 위해 전환하였고, 군수예산 편성면에서도 경제성과 효율성이 증대되었다.

이러한 기능화군수지원체제는 육군의 군수분야에 많은 발전을 가져왔고 오늘날 군수지원체제의 근간을 제공한 것으로 평가되기도 하지만, 3차례에 걸쳐 개선이 시도되는 등 문제점이 지속적으로 대두되었다.[13] 특히 2004년 4월 육군발전연구위원회 주도하에 기능화 군수지원체

---

13 1992년 7월의 1차 개선 시 장비기능을 보급 및 정비로 분리하여 정비부서를 신설하였고, 1995년 3월의 2차 개선 시에는 수리부속 및 정비용 공구 보급을 보급에서 정비부서로 이관하였다. 3차 개선은 2004년 4월에 기능화 지원체제 개념을 재정립하여 물자 · 장비 · 탄약 · 의무 기능은 연구개발, 소요, 조달, 보급 및 정비를 보급 거래선별로 통합 수행하고, 수송 · 시설 기능은 독립적인 편성을 유지함으로써 군수 8대 기능을 군수 6대 기능으로 조정하였

계의 개념을 재정립하는 차원에서 보급거래선을 재조정하고 군수 8대 기능[14]을 군수 6대 기능[15]으로 조정하였다. 그러나 기능화지원체제에 대한 개념의 혼란, 기능별·거래선별·무기체계별 업무수행체계의 혼란, 제대별 전투발전과 예산편성에 대한 체계적인 군수관리 곤란 등과 같은 문제점이 발생하였다. 따라서 이를 해결하기 위한 방안으로 2005년에 통합형 군수지원체제가 등장하였고, 2006년 1월부터 육군에 적용하였다.

통합형 군수지원체제는 한국군의 특성에 적합한 군수지원체제를 정립하는 시도로써 "군수관리 및 군수지원 목표를 효과적으로 달성하기 위하여 군수 8대 기능을 상호 유기적으로 협조 및 통합하고, 군수조직과 지원계통을 군수지원의 활동 및 사용자 중심으로 정립한 지원체제"였다. 즉, 군수관리와 지원대상을 물자·장비·정비·탄약·수송·의무로 구분하고 지휘제대 및 지원제대의 역할에 맞게 조정하였다. 〈그림 5-3〉은 통합형 군수지원체제가 기능화지원체제와 일부 병과별 군수지원체제를 혼합한 지원체제임을 나타내고 있다.

통합형 군수지원체제의 특징은 다섯 가지로 첫째, 용병술 체계에 부합된 군수지원체제는 국가목표를 달성하기 위한 국가 통수기구로부터 전투부대까지 군사력을 운용하는 군사전략, 작전술 및 전술의 계층적 연관에 맞게 운용하는 체제이다. 용병술 수준별 군수지원 주안은 〈표 5-2〉와 같이 전략적 수준의 군수지원은 전쟁지속능력 확보에 있고, 작

다. 심재관·류창하·이정훈, "미래 환경변화에 대비한 '한국형 군수지원체제' 연구", p. 20.

14 연구개발, 소요, 조달, 보급, 정비, 수송, 시설 및 근무 기능이다. 육군본부, 『야전교범 6-11 군수업무』(대전: 육군본부, 2018), p. 1-11.

15 연구개발, 소요, 조달, 보급, 정비 및 근무 기능이다. 심재관·류창하·이정훈, "미래 환경변화에 대비한 '한국형 군수지원체제' 연구", p. 20.

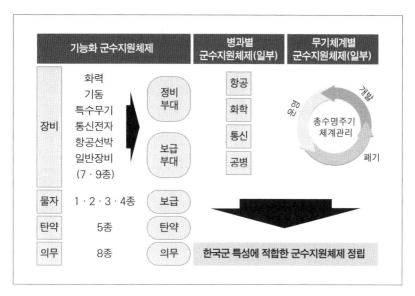

〈그림 5-3〉 통합형 군수지원체제

출처: 심재관·류창하·이정훈, "미래 환경변화에 대비한 '한국형 군수지원체제' 연구", p. 19.

전적 수준의 군수지원은 작전지속능력 확보에 있으며, 전술적 수준의 군수지원은 전투지속능력 확보에 있다. 각 수준 간 군수지원활동은 상호 연계되고 보완적으로 이루어지도록 하였다.

〈표 5-2〉 용병술 체계상 군수지원 주안

구분	군사전략	작전술	전술
개념	군사력 건설·운용 (전쟁)	전술적 수단들을 조직·연계 (전역·대규모 작전)	전투력을 조직·운용 (전투·교전)
수행 제대	국가통수· 군사지휘기구, 합참	연합사, ○○작전사령부	군단, 사단급 이하
군수지원 주안	전쟁지속능력 확보	작전지속능력 확보	전투지속능력 확보

출처: 이상돈·김은홍·이상형, "미래지향적인 군수지원체제", p. 33.

둘째, 지휘제대와 지원제대 역할이 구분된 군수지원체제는 군수 8대 기능 업무영역을 기획관리체계인 기획, 계획, 예산, 집행, 평가체계로 배분하여 계획·통제분야 업무와 운영분야 영역으로 구분하며, 이를 지휘제대와 지원제대의 기능 및 역할로 구분한 것이다. 따라서 지휘제대와 지원제대 역할 구분 시, 지휘제대는 지휘통제가 용이하면서 책임이 명확해지도록 임무와 기능을 부여하여 기획, 계획, 방침 및 제도, 정책 위주의 업무를 수행하고, 지원제대는 책임과 전문성을 강화한 상태에서 지원체제의 일관성을 유지해서 소요, 획득관리, 저장, 분배, 정비 및 처리 등의 업무를 수행토록 한다. 이와 같은 역할분장을 통해 〈표 5-3〉과 같이 지휘제대와 지원제대로 구분하여 업무계선을 일치시키고자 하였다. 여기에서 가장 큰 차이점은 장비 보급업무를 지휘제대는 장비·정비처에서 담당하고, 지원제대는 보급처에서 시행하는 것이다.

〈표 5-3〉 지휘제대 및 지원제대 군수지원체제

• 지휘제대

구분	물자	장비/정비				수송	탄약	의무
		장비	수리부속	공구	정비			
육본	물자처	장비정비처				물자처 물류과	물자처 탄약과	물자처 보급과
작전사	물자과	장비정비과				수송과	탄약과	물자과 의무담당관
사단	보급장교	정비장교				수송장교	탄약장교	의무대

- 지원제대

구분	보급 (장비·물자)	장비/정비			수송	탄약	의무
		수리부속	공구	정비			
군수사	보급처	정비처			계획처 수송과	탄약사	보급처 의무과
군지사, 군지여단	보급처	정비처			수송/탄약처 수송과	수송/탄약처 탄약과	보급처 의무과
사단	보수·정비대대	정비대대			보수대대	군수처	의무대

출처: 이상돈·김은홍·이상형, "미래지향적인 군수지원체제", p. 35.

셋째, 군수통합정보체계와 연계된 군수지원체제인데, 군수통합정보체계와 연계된 군수정보체계 중 탄약 및 물자정보체계는 2002년부터 운용하였으며, 장비 · 정비 및 수송체계는 2008년도부터 운용하였다. 종별 정보시스템은 보급분야에서 탄약시스템이 개발된 데 이어 급식, 물자, 유류, 의무가 통합되어 물자체계로 발전하였으며, 장비 · 정비체계는 정비용 공구 및 장비, 수리부속품을 정비 분야별로 통합하여 발전되었다. 군수통합정보체계는 이러한 정보체계들을 통합하여 하나의 국방군수통합정보체계로 전력화시키겠다는 것이었다.

넷째, 군수기능별 · 병과별 · 무기체계별 특성이 반영된 체제로 통합형 군수지원체제는 군수의 8대 기능에 따라 군수관리 기본개념과 교리를 유지한 가운데 군수의 역할 및 활동분야를 구분하고, 4대 보급거래선(물자, 장비, 탄약, 의무)별 보급, 정비 업무를 수행하는 개념이다. 보급거래선은 물자, 장비, 탄약, 의무로 분류하여 거래선별로 지원을 원칙으로 하되, 무기체계별로 지원범위를 설정하여 무기체계별 수명주기 및 장비 관리에 대한 명확한 책임 한계를 설정하면서, 장비, 수리부속, 정비용 공구의 보급 및 정비 업무를 일원화하고자 하였다.

특히, 7·9종은 화력, 기동, 통신전자, 특수무기, 항공선박, 일반장비 등으로 무기체계를 구분하여 보급과 정비를 실시하고, 정비요소는 묶어서 관리한다. 사단급 제대의 공병·통신장비는 정비계단을 과감히 하향 조정하여 사용자 및 부대정비 위주로 실시하고, 능력 초과 시만 군직 및 외주정비를 실시하는 체계로 조정했다. 소수의 전문병과인 항공·의무병과 보급 및 정비업무는 병과 특성을 고려하여 통합 수행할 수 있도록 하며, 장비 특성을 고려하여 외주정비를 실시하되 군에서 기술보유와 유지가 필요한 장비는 정비대대에서 정비토록 했다. 군수사령부와 군수지원사령부, 군수지원여단은 보급과 정비를 중심으로 해서 조직 및 지원계통을 구성하고, 물자와 장비·정비의 중복기능을 통합하여 병력을 절약하며, 기능대대에서는 추진보급과 현장 근접정비 능력을 확보하고자 하고 있다.

다섯째는 사용자(부대) 중심의 군수지원체제로 사용자 중심 군수지원은 전투부대를 지원함에 있어서 기능별·종별 군수지원 제 요소를 시간적·공간적으로 통합하여 지원하고, 구성요소를 세트화 및 패키지화하여 지원하는 것이다. 장비, 물자, 시설, 근무에 대한 소요를 사용자(부대) 중심으로 지원함으로써 전투지속능력 보장과 동시에 전투부대가 전투에만 전념하도록 편성과 체제를 구비하게 하였다. 재고고갈률, 보급조치율, 보급지원율 등 군수지원 성과측정 요소는 사용부대 중심으로 분석하고 평가할 수 있도록 임무가능률, 사용자 대기시간 등의 성과지표 변경을 추진하였다. 군수사령부에서는 중앙재고통제를 위한 자산 가시화로 현재 안정화 중인 군수통합정보체계와 연계할 수 있는 군수자산에 대한 정보 공유체계를 구축해야 하며, 군수지원사령부와 군수지원여단 기능대대는 무기체계 특성별 관리가 가능하도록 체계를 구성하여 적시지원 능력을 보강하고 있다.

5. 군수부대의 구조

이 시기에 『국방개혁 2006~2020』과 연계하여 군수부대 개편계획이 발전되고 추진되었는데, 기존에 군수부대가 지역지원 개념하에 편성되었다면 국방개혁에 의한 군수부대 편성은 제대별 전담지원의 형태로 개편하고, 전시에 창설하여 지원하는 부대에 대해서는 전·평시 일원화 개념에 의해 평시부터 편성하는 개념으로 계획하였다. 세부적인 개편의 모습은 〈그림 5-4〉 군수부대 개편계획에서 보는 바와 같이 육군본부 직할로 군수사령부는 그대로 유지하되 작전사에는 군수지원사령부를 편성하며, 각 군단에 평시부터 군수지원여단, 혹은 군수지원단을 창설하고, 사단은 보수대대와 정비대대 편성에서 사단과 예하 여단에 군수지원대대를 창설하는 것이다.

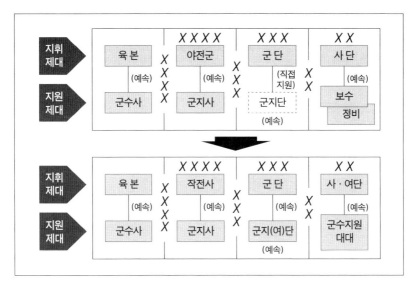

〈그림 5-4〉『국방개혁 2006~2020』과 연계 군수부대 개편계획

1) 전략적 군수부대

육군의 예속부대로서 전략적 군수부대인 군수사령부는 육군에 대한 군수지원을 하며, 3군 공통 군수지원[16]에 의하여 타 군에 대한 군수지원을 제공한다. 사령부 본부의 편성 변화는 〈그림 5-5〉에서 보는 바와 같이 기존에 행정부, 군수지원부, 무기체계별로 편성되었던 소요보급부와 장비정비부를 지휘부, 군수계획처와 통합형 군수지원체제 개념

---

16 3군 공통품목 중 지원 대상으로 선정된 품목에 대해, 지원군이 자군 및 피지원군의 군수지원 소요를 공통으로 지원하는 것을 말하며, 지원체계에 따라 통합지원과 상호지원으로 구분한다. 국방부, 『국방 군수 · 전력 용어사전』, p. 492.

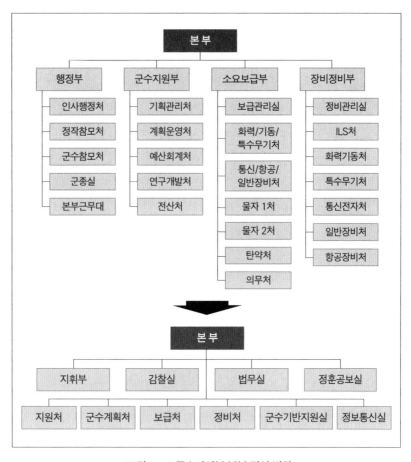

〈그림 5-5〉 군수사령부 본부 편성 변화

출처: 육군본부, 『야전교범 운용-6-41 군수부대』(대전: 교육사령부, 2018), p. 1-4.

에 맞게 보급과 정비기능을 분리하여 보급처, 정비처로 편성하였고, 기타 군수기반지원실, 정보통신실 등을 편성하였다.

군수사령부 본부는 전시에 군수계획처의 수송과가 수송처로 증편되었으며, 정비처는 2014년 12월에 장비정비처로 명칭을 변경하였다. 군수계획처는 육군 및 해·공군 지상공통품목에 대한 군수지원계획을 수립 및 시행하고, 조달계획 수립 및 통제, 부대계약조달, 육군 자산평가 및 야전자금 배정과 결산, 군수품 품질검사, 수송지원계획 수립 및 시행, 군수지원계획 및 제도발전 등의 업무를 수행한다. 보급처는 육군 및 해·공군 지상공통품목에 대한 보급지원과 물자소요를 산정하고, 예산 편성 및 조달집행, 물자보급 방침에 의한 재고통제, 비축 및 치장물자 관리 등의 업무를 수행한다. 장비정비처는 육군 보유장비 및 해·공군 지상공통장비에 대한 창정비계획을 수립 및 시행하고, 장비에 대한 소요산정, 편제장비 보급, 정비유지예산 편성 및 집행, 수리부속품 및 공구에 대한 보급지원, 정비지원체계 및 제도발전 등의 업무를 수행한다. 수송처는 군수사령부의 군수지원을 위한 수송지원계획을 수립 및 조정·통제하고, 전시 창설되는 육로운영단을 통제하여 육로수송을 지원하고 능력 초과 시에는 연합수송이동본부와 협조하여 철도·항공·해상수송을 지원한다. 군수기반지원실은 육군 군수지원 품목에 대한 규격화, 표준화, 기능 분류 및 목록제원 표준화, 부품 국산화 및 해외 정비품의 국내 정비능력 개발 등의 업무를 수행한다. 지원처는 사령부 본부 및 직할부대, 예하부대에 대한 작전지속지원계획을 수립 및 시행한다. 정보통신실은 군수정보체계 지원, 정보통신 지원, 육군 장비정비정보체계 유지보수 등의 업무를 수행한다.

군수사령부의 예하부대 조직도 통합형 군수지원체제를 고려해서 유사기능을 통합하여 개편하였다. 세부내용으로 〈그림 5-6〉과 같이 종합정비창이 2008년 7월에 별도로 편성되어 있던 C·E정비창을 정비단으로 명칭을 변경하고 종합정비창 예하로 통합하였다. 보급조직은 2008년 7월 ○○보급창이 해체되고 ○○보급대를 창설하였으며, 2009년 7월에 3개 보급창은 보급단으로 명칭을 변경하면서 3개 보급단과

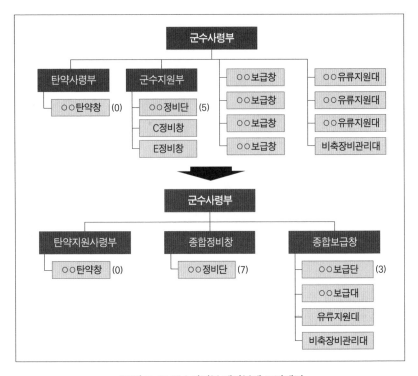

〈그림 5-6〉 군수사령부 예하부대 조직개편

출처: 육군본부, 『야전교범 운용-6-41 군수부대』, pp. 1-5~12.

○○보급대, 3개 유류지원대, 비축장비관리대를 통합하여 종합보급창이 창설되었다. 종합보급창은 2018년 12월 유류 관련 조직을 통합하여 비축유류관리대를 창설하였고, 2019년 7월에 비축유류관리대를 유류지원대로 명칭을 변경하였다.

한국군의 군구조와 군수부대의 변화

2) 작전적 군수부대

이 시기에 작전적 군수부대의 변화는 2019년에 전방 제A·C야전 군사령부가 해체되고 지상작전사령부가 제A·C야전군사령부 예하에 3개 군수지원사령부 중 2개 군수지원사령부가 해체되고 ○○작전사령 부 예하에 A군수지원사령부 1개만 편성되었다. 후방 B군사령부는 2007 년에 B작전사령부로 부대 명칭을 변경하였고 B작전사령부 예하에 기존 에 E군수지원사령부를 유지하였다. 지역지원개념에 따라 A군수지원사 령부는 ○○작전사령부 후방지역에 위치한 육군에 대해 군수지원을 하 며, E군수지원사령부는 B작전사령부 작전지역 내 위치한 육군에 대해 군수지원을 한다.

A군수지원사령부의 편성 변화는 〈그림 5-7〉에서 보는 바와 같이 기존에는 본부 및 본부대와 기능부대들로 편성되어 있다가 전시에 군단 을 지원하는 군수지원단을 창설하였던 것에서, 군구조 변화와 통합형 군수지원체제로의 변화를 고려하여 평시에 ○○작전사령부 후방지역 에 군수지원단을 편성하여 통합 지원하다가 전시에는 군수지원단을 군 단으로 예속 전환하여 지원토록 하였다. 군수지원단은 기존의 군수지원 사령부 예하 기능대대를 전환하여 편성하였는데, 본부 및 본부중대, 보 급대대, 정비대대, 수송대대, 탄약대대, 급양대 등으로 편성하였고, 직접 지원정비대대와 일반지원정비대대를 정비대대로 통합하여 지원부대를 단순화하였다.

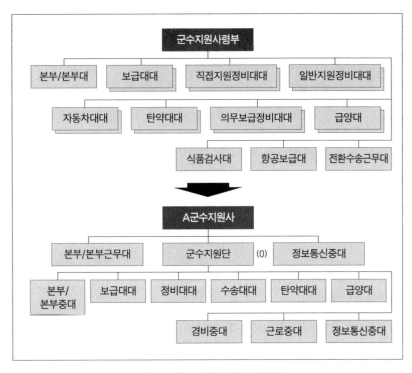

〈그림 5-7〉 군수지원사령부 편성 변화

출처: 육군본부, 『야전교범 운용-6-41 군수부대』, pp. 1-17~18.

E군수지원사령부의 편성 변화는 〈그림 5-8〉에서 보는 바와 같이 2021년 6월에 군수지원사 직할부대인 수송근무대가 다기능수송대대로, 의무보급근무대가 의무보급정비근무대로, 식품검사대가 예방의무근대로 통합형 군수지원 개념에 맞추어 개편되었고, 군수지원단 예하에 수송근무대는 지원규모나 범위를 고려하여 수송대대로 개편되었으며 정보통신중대, 경비중대, 근로중대가 보강 편성되었다.

〈그림 5-8〉 E군수지원사령부 편성 변화

출처: 육군본부, 『야전교범 운용-6-41 군수부대』, p. 1-17.

3) 전술적 군수부대

　전방 군단의 예속부대로 군수지원여단이 2017년에서 2019년 사이에 창설되었다. 기존에 군수지원사령부가 예하 기능부대들을 가지고 군단을 지원하는 군수지원단을 전시에 창설하였던 것에서 군수지원사령부가 2개가 해체되면서 예하 기능부대들을 전환하여 평시에 군단을 지원하는 군수지원여단을 창설하여 통합 지원토록 하였다. 이것은 군구조 개편에 따라 군단이 소(小)야전군화되면서 군단 중심의 통합 군수지원이 가능토록 편성을 변화시킨 것이다.

군단 군수지원여단은 지역지원 개념에 따라 군단 작전지역 내 육군 직할부대를 군수지원하고, '국방부 3군 공통 군수지원 방침 및 절차'에 따라 국방부 직할부대를 군수지원하며 해 · 공군에 대해서는 3군 공통품목 중 지상공통품목을 보급 및 정비를 지원한다.

기존에 전시에 창설되었던 군단의 군수지원단과 군수지원여단의 편성 변화는 〈그림 5-9〉에서 보는 바와 같이 본부중대는 본부근무대로 강화하고, 직접지원정비대대와 일반지원정비대대를 정비대대로 통합

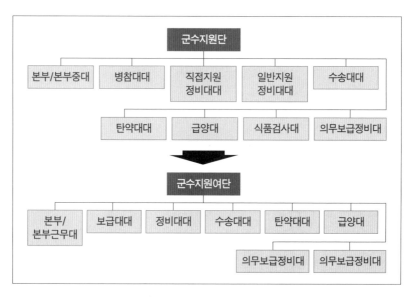

〈그림 5-9〉 군단 군수부대 편성 변화

출처: 육군본부, 『야전교범 운용-6-41 군수부대』, p. 1-20.

하고, 식품검사대는 예방의무근무대로 개편하였다.

기본전술제대인 보병사단의 군수부대 편성 변화는 〈그림 5-10〉에서 보는 바와 같이 기존의 보급수송대대와 정비대대가 편성되어 있었으나, 2020년에 보병사단 예하 연대가 여단으로 개편되면서 통합형 군수지원 개념하 보병사단에 군수지원대대가 편성되어 사단사령부 및 포병여단, 직할부대에 대한 군수지원을 하며, 여단 군수지원대대의 군수지원 능력 초과 시 지원한다. 보병사단 군수지원대대는 군수지원 소요를 예측하여 군수지원여단으로부터 적정수준의 자원을 확보하고 관리하여 즉각 지원할 수 있도록 준비한다.

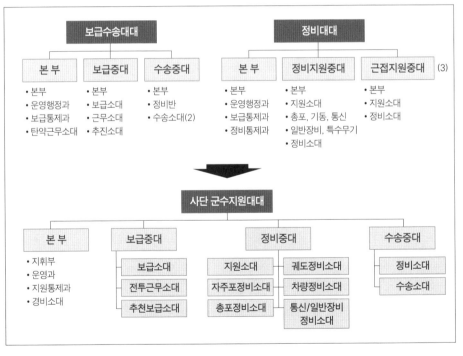

〈그림 5-10〉 보병사단 군수지원대대 편성 변화

출처: 육군본부, 『야전교범 운용-6-41 군수부대』, p. 1-32.

보병사단 군수지원대대는 본부, 보급중대, 정비중대, 수송중대로 편성되어 있다. 보급중대는 보급소대, 전투근무소대, 추진보급소대로 편성되어 있으며, 전투근무소대는 탄약보급 및 근무업무를 수행한다. 정비중대는 궤도·자주포·차량·총포·통신/일반장비정비소대와 지원소대로 편성되어 정비지원을 실시하고, 수송중대는 정비소대와 수송소대로 편성하여 수송지원업무를 수행한다.

　2020년에 보병연대는 보병여단으로 개편되었는데 〈그림 5-11〉에서 보는 바와 같이 기존에 보병연대는 군수부대가 미약했던 편성에서 여단에 군수지원대대가 창설되어 통합 군수지원을 하고 있다. 여단 군수지원대대는 군수지원 소요를 예측하여 군수지원여단으로부터 적정

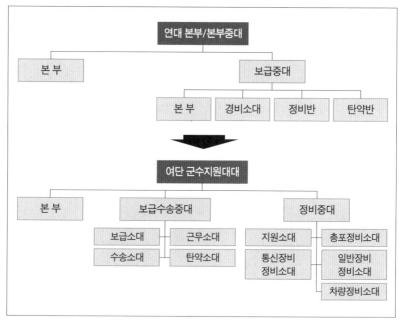

〈그림 5-11〉 보병여단 군수지원부대 편성 변화

출처: 육군본부, 『야전교범 운용-6-41 군수부대』, p. 1-33.

수준의 자원을 확보하고 관리하여 즉각 지원할 수 있도록 준비한다.

보병여단 군수지원대대는 본부, 보급수송중대, 정비중대로 편성되어 있다. 보급수송중대는 보급·근무·수송·탄약소대로 편성되어 장비·물자·탄약에 대한 보급과 수송을 지원하고, 정비중대는 총포·통신장비·일반장비·차량정비소대와 지원소대로 편성되어 보유장비에 대한 정비를 지원한다.

제6부

미래 육군 군수부대의
완전성을 위한 제언

1. 한국군과 군수부대 구조의 변천 종합분석

군수부대 구조 변화에 영향을 미치는 요소로써 국내외 안보환경, 군내 군사안보환경요인, 군구조와 군수지원체제가 창군 이후 4개의 시기별로 군수부대 구조 변화에 어떻게 영향을 주었는지를 분석하였다.

건군기인 창군 이후 1964년까지는 당시 국내외 안보환경과 관련해서 남한은 해방 후 미군에 의한 군정이 실시되었고 한국전쟁 발발 후에는 열악한 경제상황으로 인해 한·미 상호방위조약을 통한 미국의 한국에 대한 군사력 증강과 경제의 재건을 위한 원조 촉진에 주력하였다. 군내 군사안보환경으로 군이 창설된 이후 미군의 교리와 무기체계에 의존하여 육군을 증강시켜 나갔으며, 군구조도 미군을 모방하여 부대들을 창설하고 전·후방 부대의 임무 구분과 지휘통제체제를 구축하였다. 이러한 환경적 요소와 군구조의 변화가 육군의 군수지원체제에 영향을 미치면서 미군의 군수지원체제인 병과별 군수지원체제가 도입 및 적용되었다. 이 시기의 군수부대 구조는 국내외 안보환경, 군내 군사안보환경, 군구조 변화의 영향보다는 병과별 군수지원체제 발전의 직접적 영향을 받아서 육군본부와 B군사령부를 중심으로 병과별로 지원하는 군수부대가 편성되었다.

　국방체제정립기인 1965년부터 1981년까지의 군수부대 구조 결정 영향요인을 분석해 보면, 국내외 안보환경은 미·소의 양극화 체제가 변화되면서 국지분쟁이 세계 곳곳에서 발생하였다. 미국의 요청으로 한국군이 월남전에 참전하게 되면서 미국의 한국에 대한 군사원조가 증대되었고, 한국군의 전력증강과 현대화계획이 추진되었다. 1978년 11월 한미연합군사령부가 창설되면서 작전통제권이 UN군사령부에서 한미연합군사령부로 이관되었고 한미 연합방위체제가 구축되었다. 국방자원은 중앙정부예산 대비 국방예산이 지속적으로 감소하였고, 병력 측면에서는 60만 명 수준을 유지하였다. 군내 군사안보환경으로 군사전략은 미군의 '적극방어'를 모방한 '공세적 방어'로 전환하였고, 무기체계는 '자주국방'이 국가경영의 최고 목표가 되면서 한국군 무기 및 장비현대화와 방산장비 및 물자의 국내 생산이 시작되었다. 육군의 군구조는 C군사령부가 창설되고 B군사령부 개편과 수방사 등 육군 직할부대가 창설되었다. 이 시기는 군의 체제가 발전하고 정립되었는데, 이러한 환경적 요소와 군구조 발전의 영향을 받으면서 육군의 군수지원체제도 병과별 군수지원체제가 병과 통합 군수지원체제로 발전하였다. 이 시기의 군수부대 구조도 국내외 안보환경, 군내 군사안보환경, 군구조 변화의 영향보다는 병과 통합 군수지원체제 발전의 직접적 영향을 받아서 군수부대가 병과 통합 군수지원 개념하에 발전하였다. 전략적 군수부대로 군수사령부, 작전적 군수부대로 군수지원사령부가 창설되었고, 전술적 군수부대로서 군단에는 통상 군수부대를 편성하지 않으나 독립작전 등 필요시만 군단 예하로 군수지원단을 편성하여 군수지원을 실시하였다. 기본전술제대인 사단에는 군수지원단을 편성하여 사단의 모든 예·배속부대에 대한 대부분의 전투근무지원을 제공하였다. 사단 예하 연대에는 최소한의 전투근무지원부대로 근무소대가 편성되어 작전지속지원 임무를 수행하였으며 대부분의 군수지원은 사단으로부터 지원받았다. 군수사령부에서 군단 군수지원단까지는 병과별로 군수 기능부대들을 편성하여 지원토록 하였고, 보병사단과 보병연대는 보병병과에 대한 보급, 수송 등 군수 지원부대를 편성해서 지원하였다.

자주국방기인 1982년부터 2005년까지를 분석해 보면, 국내외 안보환경은 1990년 미·소의 냉전체제가 종식되면서 한반도에도 냉전 구도에서 획기적인 변화가 시작되었으나 1990년대 중반 이후 북한의 핵 및 미사일 개발전략과 1999년 해상도발 등으로 한반도의 위기상황은 지속되었다. 한미동맹과 관련해서 1994년 12월 국군에 대한 정전 시(평시) 작전통제권이 한미연합사령관에서 한국 합참의장에게 전환되었으며, 국방자원은 예산 측면에서 보면 국가경제와 중앙정부예산 대비 국방예산이 지속적으로 감소하였고, 병력 측면에서는 60.8만 명에서 66.9만 명 수준으로 약간 증가하였다. 군내 군사안보환경으로 군사전략은 '공세적 방어'에서 '기동전' 개념을 접목하여 '공세적 기동전'을 정립하였고, 이후 '공세적 전 전장 동시전투'로 변화하였다. 무기체계는 자주국방 개념이 완성되는 시기로 육군의 주요 무기체계의 전력화가 이루어졌다. 육군의 군구조는 유사기능 및 기구 통폐합을 추진하였고 육군 직할부대로 1984년 7월에 항공사령부가 창설되었다. 이 시기는 자주국방을 추진하면서 경제적이고 효율적인 군대로 발전을 추진했던 기간으로 이러한 환경적 요소와 군구조 발전의 영향을 받아서 군수지원체제도 병과별 군수지원체제의 중복성과 비효율성을 개선하기 위해서 1982년에 기능화 군수지원체제로 변화되었다. 이 시기의 군수부대 구조도 국내외 안보환경, 군내 군사안보환경, 군구조 변화의 영향보다는 기능화 군수지원체제로의 변화에 직접적 영향을 받아서 군수부대가 기능별 조직 및 편성으로 발전하였다. 전략적 군수부대로 군수사령부, 작전적 군수부대로 군수지원사령부, 전술적 군수부대로서 군단 군수지원단이 병과별 부대에서 기능별 부대로 개편되었으며, 사단 군수지원단은 기능부대 형태인 보급수송대대와 정비대대로 분리 편성되었다.

국방태세발전기인 2006년부터 2023년 현재까지를 분석해 보면, 국내외 안보환경은 미국 주도로 국제질서가 유지되는 가운데 전통적 갈등요인에 따른 국지 분쟁의 가능성과 초국가적 위협은 지속 확산됨으로서 국제사회의 안보 불확실성은 더욱 증대되고 있다. 북한은 김정은 권력 승계 이후 유일 지배체제를 공고히 하면서 체제유지의 수단으로 핵 및 탄도미사일을 비롯한 대량살상무기 개발에 주력하여 한반도와 동북아의 안정에 심각한 위협이 되고 있다. 한미동맹은 전시 작전통제권 전환을 위한 노력이 지속되었으며 2015년 '조건에 기초한 전시 작전통제권 전환계획'이 확정된 이후 한국군은 포괄적 핵·미사일 위협에 대한 대응능력 확보를 추진하였다. 국방자원은 예산 측면에서 보면 국가경제와 중앙정부예산 대비 국방예산이 지속적으로 감소하였고, 병력 측면에서도 66.9만 명에서 55.5만 명 수준으로 감소하였다. 군내 군사안보환경으로 군사전략은 '공세적 전 전장 동시전투'에서 '결정적 통합작전'으로 변화하였다. 무기체계 획득은 전장감시, 정밀타격, 입체고속기동수단, C4I체계 분야에 중점을 두고 추진하였다. 육군의 군구조는 2006년부터 국방개혁에 의한 군구조 개편이 추진되면서 상비병력 감축과 연계한 군단 및 사단 수 조정이 이루어지고 있고, 2019년에 제A·C 야전군사령부를 통합하여 ○○작전사령부를 창설하였으며, B군사령부는

2007년에 B작전사령부로 부대 명칭을 변경하였고 예하 군단을 해체하고 작전사령부에서 직접 예하 향토사단을 통제토록 개편하였으며, 보병사단 예하에 보병연대는 2020년에 보병여단으로 개편되면서 기능부대가 강화되어 편성되었다. 이 시기는 군이 고도화되고 첨단화되면서 군수분야도 4차 산업혁명의 각종 기술 적용, 속도와 사용자 중심의 통합 지원 등이 발전되는 기간이었다. 군수지원체제는 이러한 환경적 요소들의 영향을 받아서 기능화 군수지원체제에서 2006년에 사용자 중심의 통합형 군수지원체제로 변화가 이루어졌다. 이 시기의 군수부대 구조는 국방개혁에 의한 야전군사령부의 해체와 군단 개편, 보병연대가 여단으로 개편 등의 군구조 개편에 직접적 영향을 받았으며, 통합형 군수지원체제로의 변화에 맞추어 발전하였다. 전략적 군수부대로 군수사령부는 중복 및 유사기능이 통합되었으며, 작전적 군수부대로 군수지원사령부는 야전군사령부가 해체되면서 ○○작전사령부와 B작전사령부에 최소화하여 편성되었다. 전술적 군수부대와 관련해서는 군단이 소(小)야전군 개념하에 군수지원을 책임지는 제대로 변화되면서 평시에 전방지역 군단은 군수지원여단이, 기타 군단은 군수지원단이 편성되었다. 군단 예하 사단에는 군수지원대대를 편성하여 포병여단 및 직할부대에 대한 군수지원을 실시하고, 예하 여단 군수지원대대의 군수지원 능력 초과시 보강 지원하는 역할을 수행토록 조정하였다. 사단의 하급부대인 여단에는 평시부터 군수지원대대를 편성하여 여단 예하부대에 대한 군수지원을 담당토록 하였다.

지금까지 군이 창군 이후 2023년 현재까지의 시기를 4단계로 구분하여 한국군 군수부대 구조 결정이 핵심요인을 분석해 보았다. 분석결과 국내외 안보환경, 군내 군사안보환경요인과 군구조 개편은 군수지원체제 변화에 주로 영향을 주었으며, 군수지원체제 발전이 군수부대 구조변화에 결정적 영향요인임을 알 수 있었다. 다만 4단계 국방태세발전기는 2006년부터 현재까지는 국방개혁에 의해서 군구조 발전이 이루어지면서 군수부대 구조에 직접적인 영향을 주었다.

군수부대 구조 발전에는 군구조와 군수지원체제 변화가 영향을 미치기 때문에 군수부대가 제대로 편성되기 위해서 군구조와 군수지원체제가 올바로 발전하여야 한다. 이러한 측면에서 미래 안보환경 변화를 예측해 본 후에 현재의 군구조와 군수지원체제를 분석해서 발전방향을 제시하고자 한다. 여기서 미래 안보환경 변화는 여러 가지 요소들을 가지고 분석할 수 있으나 본 연구에서 창군 이후 현재까지 시기별로 분석했던 요소들로 한정해서 살펴보고자 한다. 즉, 국내외 안보환경요인은 한반도 안보환경, 한미동맹의 발전, 국방자원의 가용성 측면을 들여다보고, 군내 군사안보환경요인으로 군사전략의 변화, 군사과학기술 및 무기체계의 발전을 고찰하고자 한다.

2. 미래 안보환경의 변화

1) 국내외 안보환경

한반도의 안보환경은 주변국 상호 간 견제와 갈등이 지속되고 잠재적 분쟁 위험성은 증대될 것이다. 중국은 강군몽(強軍夢) 구현을 위해 노력하면서 역내 영향력을 확대하고, 첨단 군사력을 지속적으로 증강시킬 것이고, 러시아는 주변국 갈등을 견제하기 위한 역내 영향력을 유지하면서 정보 · 미사일 전력 증강 등 군사력 유지를 위해 노력할 것이다. 일본은 미일 동맹을 더욱 강화하면서 중국과 러시아의 영향력을 견제하면서 '전쟁을 할 수 있는 보통국가' 선언과 함께 군사강국을 지향할 가능성이 점증할 것이다. 북한은 남북 간 평화체제가 유지되는 공존 상황임에도 불구하고 핵 개발과 위협을 증대시키면서 생화학무기, 재래식 무기, 특수전 부대, 사이버전 부대 등을 유지하고, 수도권을 위협하는 장사장포 및 단 · 중거리 미사일, 기계화부대를 전진 배치한 상태에서 도발 위협을 지속할 것이다.

한미동맹은 전시 작전통제권이 한국군으로 전환되면서 한미 관계에 변화가 이루어질 것이다. 이러한 작전통제권 전환 이후에도 동맹체제가 견고하게 유지되겠지만, 주한미군의 규모와 역할은 점진적으로 축소될 가능성이 있고, 평화체제 하에서 유엔사 역할과 정당성, 일본에 위치한 유엔사 후방기지 활용 및 존속여부에 대한 논란이 있을 수 있으며, 미일동맹이 강화되면서 한미동맹 관계가 약화될 가능성도 있다.

국방자원의 가용성 측면에서 보면 저출산 추세 지속, 병 복무기간의 단축, 양심적 병역거부자와 현역 입대 후에 조기전역자 급증 등으로 가용 병력자원 감소에 따른 상비병력 규모가 지속적으로 축소 조정될 것이다. 국방 예산은 남북한 평화체제 하 비핵화 및 경협 비용의 급증과 실질적인 경제성장률 둔화 추세, 국가채무의 빠른 증가세 지속, 저출산·고령화에 따른 복지 및 의무·고용 지출 소요의 급격한 증가 등으로 국방 예산의 안정적 확보에는 어려움이 가중될 것이다.

이러한 안보환경 변화는 한국군을 병력 위주의 군구조에서 첨단 정보·기술 중심의 선진 군구조로 변화되도록 지속적으로 요구할 것이다.

2) 군내 군사안보환경

미래 전장은 21세기 4차 산업혁명에 의한 군사과학기술의 발전과 적용에 따라서 새로운 유형으로 전쟁수행 패러다임이 변화되고, 재래전, 비정규전, 비대칭전, 사이버전, 전자전 및 미디어전 등 다양한 형태가 혼재된 '하이브리드전'[1] 양상으로 전개가 예상된다. 전장공간도 5차원(3차원+우주와 사이버), 다차원(5차원+인지 심리 등) 영역으로 확대되면서 작전 및 전투의 승패가 전 전장영역의 가용한 모든 전력을 교차 활용하는 방향으로 확대될 것이다.

미래 한국군의 군사전략은 최소희생·최소비용으로 최단기간 내 결정적 승리를 추구하는 '공세적 통합작전' 전쟁 수행개념을 기반으로 하고, 이를 구현하기 위해 ① 적극적·공세적 사고와 전투의지, ② 먼저 보고 먼저 타격할 수 있는 네트워크화된 지휘통제체계 구축, ③ 전 영역에서 운용 가능한 첨단전력의 합동성, ④ 민관군 통합방위체제, ⑤ 동맹 연합전력의 효과적 운용, ⑥ 전투력 보존 및 전투지속능력의 보장 등을 추진할 것이다.

육군의 군사전략은 2021년 6월에 선정한 '첨단능력 기반 동시방위전략'을 보다 적극적이고 공세적 개념으로 변화시켜 '최단기간, 최소 피해, 최대 효과'로 승리를 지향토록 지속적으로 노력할 것이다.

과학 및 무기체계 발전과 관련해서는 신개념 무기체계의 등장으로 군사전략의 변화와 국방개혁 및 군구조 개편에도 크게 영향을 미칠 것이다. 지능화된 신개념 무기체계의 발달로 전장영역이 광역화, 장사정화, 정밀화, 고위력화, 고기동화, 시·공간적 통합 및 복합화, 초연결성·초지능화 네트워크 전장으로 전환될 것이다. 특히 정보통신, 우주, 나노, 로봇, 전자, 사이버, 스텔스 등 정보·과학기술의 발전은 군사과학기술 분야에서의 변화를 선도할 것으로 예상되고, 현실 전장과 가상 전

---

1 하이브리드전(Hybrid warfare)은 시·공간, 물리적·비물리적, 국가·비국가행위자, 전투원·민간인 등 전쟁의 수단과 행위자 등 모든 차원이 융합된 전쟁을 의미한다.

장이 혼합되어 전장의 범위와 기능이 확대되고, 불확실성이 점증될 것이다.

이러한 군내 군사안보환경 변화는 복잡·다양하고 불확실한 위협에 신속하게 대응 가능하면서 조기에 전장을 종결할 수 있는 효율적인 군구조로의 변화를 지속적으로 요구할 것이다.

3. 한국군 군구조의 미래

　　미래 안보환경 변화를 고려해서 한국군도 병력 위주의 군구조에서 탈피해서 첨단 정보·기술 중심의 군구조로 전환과 복잡·다양하고 불확실한 위협에 신속한 대응이 가능하도록 조직과 편성을 효율화시켜야 한다. 실시간 효과적 전투력 발휘가 가능하도록 각 부대별·기능별 즉응성·민첩성·유연성을 제고하는 방향으로 구조적 변화를 추구해야 한다. 이를 위해서 군구조의 설계 방향은 전략적·작전적·전술적 수준에서 제대별 임무에 따라 신속기동 및 대응이 가능한 부대구조와 조직으로 변화되어야 하며, 제대별 임무와 역할이 확장되고 위협의 다양성에 대비하여 유연하면서 부대를 모듈화, 패키지화된 구조로 전환을 추진해야 한다.

1) 현재의 군구조 개편분석

육군은 2006년부터 국방개혁을 추진하고 있으며 전방위적 안보위협에 대응 가능하고, 신속하게 결정적 작전 수행이 가능한 효율적 부대구조로 개편을 추진 중이다.

이러한 개편을 전략적·작전적·전술적 수준으로 분석해서 보면, 전략적 수준에서 군사력을 건설하고 운용하여 전쟁을 수행하는 수준의 부대는 육군으로 보면 육군본부로 변함이 없다.

작전적 수준에서 전술적 수단들을 조직하고 연계시켜 전역과 대규모 작전을 수행하는 부대는 2019년 1월에 제A·C야전군사령부를 통합하여 창설된 ○○작전사령부가 되었다. 여기서 전방의 A·C야전군사령부를 ○○작전사령부로 통합한 배경은 ○○작전사령부를 지휘통제 위주의 작전사령부로 개편시키고자 한 것이다.

전술적 수준에서 보면 예하 전방 지역군단을 기존에 군사령부에서 수행했던 대규모 작전까지 수행 가능한 소야전군 개념으로 개편하였으나 전술적 수준의 부대로 유지하고 있다. 사단은 국방개혁이 최초 시작되었던 노무현 정부 시절의 『국방개혁 2006~2020』에는 병력감축과 전력 현대화를 고려해서 미래형 보병사단을 여단형으로 고려하였으나, 2009년 『국방개혁 2009~2020』에 오면서 한반도의 안보상황의 불확실성이 증대되고 북한의 현실적 위협이 증대되면서 기존 사단체제로 환원되었다. 보병연대는 기능부대를 강화시켜서 여단으로 개편하였다.

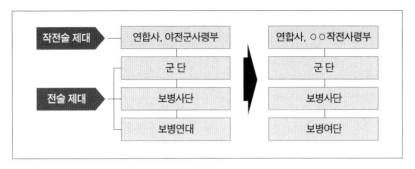

<그림 6-1> 작전술 및 전술제대 주요부대의 변화

〈그림 6-1〉에서 보는 바와 같이 야전군사령부가 통합되어 ○○작
전사령부가 창설되면서 ○○작전사령부는 지휘통제 위주의 사령부로
개편되고 지역군단이 소야전군 개념하 개편이 이루어져서 작전술 제대
의 성격으로 변화되었으나 용병술 체계상에서 개념 정립이 명확히 이루
어지지는 않았다.

전술적 수준에서 전투력을 조직 및 운용하여 전투와 교전을 시행
하는 수준의 제대는 군단이 소야전군 개념의 개편으로 작전적 수준의
부대성격을 내포하게 되면서 전술적 수준의 부대를 어떻게 조직화할 것
인지에 대한 부분의 고민이 필요하다. 즉, 기본전술제대와 기타 전술제
대를 편조해서 전술을 구사하는 최상위 전술제대, 전투와 교전의 중심
이 되는 기본전술제대, 기본전술제대의 예하부대로서 최소한의 독립작
전수행이 가능한 편성부대를 어떻게 구성할 것인지에 대한 판단과 결심
이 필요해진 것이다.

이러한 결심이 이루어지지 않다 보니, 기존에 야전군사령부와 기본
전술제대인 보병사단 중심의 군구조에서 개편 이후에 어느 제대가 중심
인지가 불명확해지면서 전반적으로 둔중한 부대구조로 변화된 것이다.

2) 군구조와 기본전술제대 발전방향

전략적 · 작전적 · 전술적 수준에서 발전방향을 제시하면, 전략적 수준의 부대는 육군본부로 유지한다.

작전적 수준에서 전술적 수단들을 조직하고 연계시켜 전역과 대규모 작전을 수행하는 수준의 부대는 ○○작전사령부에 추가해서 지역군단을 포함시킨다. ○○작전사령부는 지휘통제 위주의 사령부 개념에 맞게 개편시키고, 지역군단은 지상군 작전의 중심제대로서 군단 중심의 작전체제가 완벽하게 형성되도록 하고 소야전군 개념하 편성을 검토해서 보완한다. 군단은 네트워크 중심 작전의 정점에 위치하며 네트워크를 통하여 지상작전 간 전장에서 활동하는 모든 작전요소들의 정보를 공유할 수 있는 능력을 구비한다. 특히 장차계획과 장차작전에 관심과 노력을 경주하고 기동과 정밀화력을 통한 적 격멸, 제병합동작전과 합동작전을 통합하는 주체가 된다. 군단이 군수지원의 중심에 위치하여 예하부대에 대한 모든 군수지원을 총괄토록 한다. 또한 예하에 전 여단들의 특성을 고려해서 상황에 맞게 적시적절하게 편조해 주고 전투력을 할당해 주도록 한다.

전술적 수준의 제대 전환에 있어서 가장 중요한 부분이 전술적 수준에서 전투와 교전의 중심과 기준이 되는 기본전술제대의 선정이다. 전술적 수준에서 부대 운용의 중심이 되면서 허브(Hub)로서의 역할을 하는 기본전술제대가 제대로 선정되어야 전술제대의 부대구조와 편성을 효율화시킬 수 있다. 즉, 기본전술제대는 전투와 교전의 중심이 되도록 편성을 강화시키고, 기본전술제대의 상위에 있는 부대는 편조부대로서 경량화되도록 개편시켜야 하며, 하위의 부대는 편성부대로서 최소한의 독립작전 수행이 가능토록 변화시켜야 한다. 이를 통해서 모든 제대가 강조되어 둔중한 부대구조에서 집중과 절약, 신속한 결심과 대응이 가능한 효율적인 부대구조로 발전시켜야 한다.

이와 관련해서 먼저 주요 선진국의 기본전술제대 변환을 언급하면 미국, 영국, 프랑스, 일본 등 선진국의 부대구조 변화의 가장 특징적인 부분은 사단형 부대구조를 여단형 부대구조로 전환시킨 것이다. 전환시킨 주된 이유는 미래 위협은 정규화된, 정지된, 명확한 위협이 아니라 지속적으로 움직이고 변화하며, 그 규모도 다양하게 변화되어 고정된, 둔중한 사단 부대구조로는 대응하기 어렵다고 본 것이다. 물론, 최근에 미국에서 일부 대규모 교전을 고려해서 사단급 부대로 전환을 모색하고 있지만, 선진군대의 주된 개편방향은 첨단 정보·기술 중심의 군구조로의 전환과 복잡·다양하고 불확실한 위협에 신속한 대응이 가능하도록 기본전술제대를 여단급 부대로 전환하고 즉응성·민첩성·유연성을 제고시키는 방향으로 변화하는 것이다. 이렇게 하면서 전술제대의 제대별 임무와 역할을 확장시키고 다양한 위협에 대비할 수 있도록 부대를 모듈화, 패키지화된 구조로 전환을 추진하고 있는 것이다.

한국 육군의 기본전술제대와 관련해서는 2006년에 최초 국방개혁을 추진할 때는 보병여단을 기본전술제대로 변화시키겠다는 구상하에 개편계획을 작성해서 추진하였으나 국방개혁 계획이 수차례 변경되면서 기본전술제대에 대한 개념의 발전이나 변화는 아직 이루어지지 않고 있다. 군수부대를 예로 들면 기본전술제대가 여단으로 변화되는 것을 고려해서 보병여단에 군수지원대대가 신편되었으나 기본전술제대가 변화되지 않아 편성의 조정과 운용개념의 발전이 필요한 상황이다.

또한, 한국 육군의 전반적인 전술제대도 병력자원 감소 등 미래 안보환경 변화와 선진국의 군 변화를 고려해서 복잡·다양하고 불확실한 위협에 신속한 대응이 가능하도록 조직과 편성으로 변화시켜야 한다. 그리고 다양한 위협에 효과적으로 대응할 수 있도록 부대를 모듈화 구조로의 전환을 추진해야 한다.

이러한 변화방향을 고려하여 한국군 전술제대 부대구조는 〈그림 6-2〉에서 보는 바와 같이 최상위 전술제대를 보병사단, 전투와 교전의 중심이 되는 기본전술제대는 보병여단, 기본전술제대 예하의 편성부대를 보병대대로 조정한다.

먼저 보병사단은 예하 전투력을 일부는 군단으로, 일부는 여단으로 전환하고 사단 사령부는 C2(Command and Control) 위주의 사단으로 변경하여 전투지휘부 위주로 편성하고 유사시나 전시에는 모듈화해서 부대를 구성토록 발전시킨다.

보병여단은 기본전술제대로서 전술제대의 핵심제대가 된다. 여단에 사단으로부터 일부 기능부대의 전환과 전투지원 및 전투근무지원 부대를 추가로 편성해서 제병협동 및 독립작전 수행능력을 구비토록 한다.

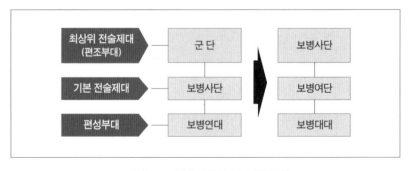

〈그림 6-2〉 전술제대 주요부대의 변화

보병대대는 여단의 일부이면서 편성부대로서 제한된 제병협동 및 독립작전 수행능력을 구비토록 한다. 부여된 책임지역 내에서 근접전투를 통하여 적을 격멸할 수 있는 임무수행 능력 극대화를 위해 기동능력, 정찰감시 장비 및 화력을 보강하여 편성한다.

현재의 한국육군은 국방개혁에 의한 부대개편이 이루어지면서 전략적·작전적·전술적 수준의 부대선정과 운영방법의 고민이 필요한 시점이다. 이러한 미래 용병술 개념을 고려한 제대별 부대구조 및 편성의 집중과 절약을 통해서 미래 국방환경 변화에 조기에 적응토록 하고 미래 전장을 주도할 수 있는 국가방위의 중심군 역할을 효과적으로 수행토록 해야 한다.

4. 군수지원체제의 발전방향

통합형 군수지원체제는 2006년에 당시 적용 중이던 기능화 군수지원체제의 문제점과 한계를 개선하기 위해 발전시킨 체제였다. 이 체제가 기능화 지원체제의 문제점을 보완하고자 하였으나, 통합형 군수지원체제에서 '통합형'의 본질이 무엇인지에 관한 부분이 명확하지 않았다. 또한, 이러한 본질에 맞는 통합형 군수지원체제의 정의와 적용하고자 하는 5가지 특징의 연계성이 일부 제한되어 이해가 어렵고 적용하는 데도 문제점이 발생되고 있다. 따라서 본 연구에서는 간략하게 통합형 군수지원체제의 문제점을 분석하고 발전방향을 제시하고자 한다.

1) 現 통합형 군수지원체제 분석

(1) 용어의 적절성

現 '통합형 군수지원체제'라는 명칭의 적절성 여부는 한국군 군수지원체제 발전 관련 기존 논문이나 연구를 확인한 결과, 현재와 미래의 군수지원을 주도할 한국군 군수지원체제 명칭을 속도 중심 군수지원체제, One-Stop 지원체제, 한국형 군수지원체제라고 제시하였고, 육군에서는 군수지원체제 4.0이라는 명칭을 사용하기도 하였다.

그러나, 속도 중심 군수지원이나 One-Stop 지원체제는 작전사급 이하 야전 군수지원 목표인 적시·적소·적량 지원 관련 명칭으로는 적절하나, 정책군수 부분과 군수관리 목표인 효과성, 경제성, 능률성을 포함한 명칭으로는 한계가 있다. 한국형 군수지원체제, 군수지원체제 4.0이라는 명칭도 '한국형'과 '4.0'이라는 명칭의 군수지원체제가 무슨 군수지원체제인지를 설명해야 하는 문제가 있다. 따라서 현재까지 나온 연구결과의 명칭은 사용이 제한된다고 판단된다.

'그렇다면 어떠한 명칭을 사용하는 것이 적절한가?' 하는 것을 한국군 군수지원체제의 변천 과정, 선진 외국군 군수지원체제의 특징 및 발전추세 등 5개의 주제를 가지고 분석하였다. 내용이 방대해서 본 책에 전부를 수록하기가 제한되어, 분석한 결과로 군수지원체제 발전방향의 공통점만을 간략하게 제시한다.

첫째, 한국군 군수지원체제 변천과정을 분석해 본 결과 한국 육군은 최초 1948년부터 병과별로 군수지원을 하였는데, 이러한 병과별 지원체제는 병과 단위로 책임성 있고 전문성 있는 군수지원이 용이한 반면, 병과별로 동일 기능이 중복 편성되어 비능률적이고 비경제적인 측면이 있었다. 이에 따라 1982년에 군수 지원기능 분야별로 지원하는 기능화지원체제가 탄생하게 되었고, 지원체제 전환을 통해 군수지원의 경제성과 능률성을 제고할 수 있었다. 이러한 기능화 군수지원체제도 2000년대 들어서면서 적용 차원에서 업무혼선 문제, 기능별 지원에 따른 한계가 발생됨에 따라 2006년에 통합형 군수지원체제로 전환되었다. 군수지원체제의 변천을 보면 최초의 지원체제인 병과별로 지원하는 체제의 한계가 발생되었고, 이에 따라 개선한 기능별로 지원하는 체제도 문제점이 발생하면서, 병과별과 기능별 지원을 통합하면서 군수지원제 요소를 효과적으로 통합할 수 있는 지원체제로의 변화가 필요하였음을 알 수 있다.

둘째, 선진 외국 군인 미국, 영국, 독일의 군수지원체제 특징과 발전추세를 분석해 보면 공통점이 획득과 운영유지를 통합한 총수명주기 관리, 다기능 통합 및 모듈화 군수지원, 전투현장의 효율적 지원을 위해 군수 정보화, 중앙집권적인 군수지원체제 발전, 효과적인 의사결정 시스템 제공, 민간 기업 운영방식의 적용과 민·군 협력의 군수지원이 이루어지고 있다.

셋째, 걸프전, 아프간전, 이라크전 등 현대전의 교훈을 분석한 결과 다기능 군수지원부대를 통합한 One-Stop 지원, 군수자원과 정보의 통합관리체제 구축, 통합수송지원체계 발전, 효율적이면서 유연한 형태의 군수지원체제, 민간 동원체제 구축이 요구되고 있다.

넷째, 미래전 양상과 무기체계의 발전추세가 군수지원에 미치는 영향요소는 군수지원부대의 독립 및 통합적인 능력 구비, 피(被)지원부대의 신속한 기동속도를 맞추기 위한 기동성 향상, 첨단장비의 구성품 단위 교환 정비체제로 개선, 소량·다종·고가 무기체계 통합지원, 군수지원 소요물량을 감소시키면서 유통속도는 증대, 네트워크로 연결된 전장상황 하 효율적 지원체제로의 발전이 요구되고 있다.

다섯째, 미래 군수환경 및 요구능력을 분석한 결과 무기체계 획득단계부터 운영유지비 절감을 고려하는 자원절약형 군수지원체제가 요구되고, One-Stop 지원체제 발전, 패키지 지원 및 효율적인 장비 유지, 군수부대 기동화 및 전문화, 군수자산 가시화, 군수자원의 중앙통제체제 구축과 군수지원의 자동화 및 정보화체제 구축, 민간능력 활용체제로의 발전이 필요하다.

지금까지 한국군 군수지원체제의 변천 과정, 선진 외국군 군수지원체제의 특징 및 발전추세, 현대전의 분석과 전쟁환경의 변화, 미래전 양상과 무기체계 발전추세, 미래 군수환경 및 요구능력 전반을 분석한 결과 공통점은 군수지원이 병과별, 기능화 등 단순한 하나의 개념에서 '지원해야 할 자원과 기능을 효율적으로 통합해서, 필요로 하는 부대에 효과적으로 지원하는 체제'로 발전해 나가고 있다는 것이다. 따라서 육군의 군수지원체제는 이러한 발전을 고려한 '통합형' 군수지원체제로 정립해야 함을 알 수 있다. 따라서, 한국군 군수지원체제 명칭은 '통합형 군수지원체제'라는 용어가 가장 적절하다고 판단된다.

現 통합형 군수지원체제 정의는 '군수관리 및 군수지원 목표를 효과적으로 달성하기 위하여 군수 8대 기능을 상호 유기적으로 협조 및 통합하고, 군수조직과 지원계통을 군수지원의 활동 및 사용자 중심으로 정립한 지원체제'라고 되어 있다.

정의를 분석해 보면, "군수관리 및 군수지원 목표를 효과적으로 달성하기 위하여"라는 문구는 군수지원체제가 정책군수와 야전군수를 포

함해야 하고 군수관리 목표인 효과성, 경제성, 능률성과 군수지원 목표
인 적시, 적소, 적량 지원을 달성해야 하는 것이 맞기 때문에 적절하다
고 판단된다.

"군수 8대 기능을 상호 유기적으로 협조 및 통합"한다는 문구는 향
후 군수지원은 군수 8대 기능만으로는 해소되지 않는 부분이 있다. 미
래 군수지원은 군의 자원뿐만 아니라 민간자원까지 효율적으로 활용하
는 체제로 발전해야 하기 때문에 좀 더 포괄적 문구를 사용할 필요가
있다.

"군수조직과 지원계통을 군수지원의 활동 및 사용자 중심으로 정
립한 지원"이라는 문구는 정의로 사용하기에는 구체적이고 통합형이라
는 개념과 거리가 있다고 판단되어 정의에서 삭제하는 것이 타당하다고
판단된다.

통합형 군수지원체제의 특징은 5가지로 ① 군사작전 수준에 부합
된 군수지원체제, ② 지휘제대와 지원제대의 역할이 구분된 군수지원체
제, ③ 군수통합정보체계와 연계된 군수지원체제, ④ 군수기능별·병과
별·무기체계별 특성이 반영된 군수지원체제, ⑤ 사용자(부대) 중심의
군수지원체제이다.

"그렇다면 이 특징이 '통합형'이라는 단어가 가지는 두 개 이상의
실체가 결합하는 의미로 표현되었는가?" 하는 측면에서 보면, '③ 제 정
보체계를 통합한 군수통합정보체계와 연계된 지원체제'라는 특징 외에
는 '통합형'이라는 정의와 연계성이 떨어짐을 알 수 있다.

또한 '특징'이라는 용어를 국어사전에서 살펴보면 '다른 것에 비하

여 특별히 눈에 뜨이는 점²'으로서 수행업무를 표현하는 것은 적절하지 않다.

(2) 통합형 군수지원체제 이해실태

現 통합형 군수지원체제에 대해서 국방부, 육군본부, 군수사, 종합 군수학교의 군수인들을 대상으로 인터뷰³를 통해 이해실태를 분석한 결과는 다음과 같다.

現 '통합형 군수지원체제'라는 명칭에 대해서 군수인들은 기존의 '병과별', '기능화'라는 단일 개념의 군수지원체제로는 미래 효과적인 군 수지원이 제한될 수 있다고 이해하였다. 이에 따라 병과와 기능 등을 효 과적으로 통합해서 지원하는 '통합형 군수지원체제'라는 명칭이 선정되 었고, 이 명칭을 사용하는 것은 타당하다는 의견을 보인다.

통합형 군수지원체제의 정의에 대한 군수인들의 이해도는 매우 떨 어지는 상황이다. 앞에 명칭에서 언급한 대로 통합형 군수지원체제의 정의는 '병과와 기능 등을 효과적으로 통합해서 지원하는 체제' 정도로 이해하고 있다. 즉, '통합형'이라는 단어가 두 개 이상의 실체가 결합된 다는 의미를 가진 용어이므로 이 개념에 초점을 두고 무언가가 통합되 어 지원하는 체제로 대부분 이해하고 있다.

---

2   국립국어원, 『표준국어대사전』, https://stdict.korean.go.kr/m/main/main.do, 2023. 2. 16.
3   육군본부 군수참모부 부·차·과장, 육군 군수사령부 처·과장, 종합군수학교 부·처장과 의 인터뷰, 2020. 5. 4 ~ 7. 30, 2022. 6. 30.

그러나, 現 통합형 군수지원체제의 정의는 "군수관리 및 군수지원 목표를 효과적으로 달성하기 위하여 군수 8대 기능을 상호 유기적으로 협조 및 통합하고, 군수조직과 지원계통을 군수지원의 활동 및 사용자 중심으로 정립한 지원체제이다"라고 정의되어 있다. 이 정의가 통합에 초점이 있는지가 명확하지 않고, "군수 8대 기능을 협조 및 통합"한다는 부분으로 통합형이라면 연구개발, 소요, 조달 등 군수 8대 기능을 어떻게 통합한다는 것인지에 대한 설명이 부족하며, "군수조직과 지원계통을 군수지원의 활동 및 사용자 중심으로 정립"한다는 것이 통합형과 어떤 연계성이 있는지 이해하기 어려운 것이 현실이다.

現 통합형 군수지원체제를 구현하기 위한 '특징'이 '통합형'이라는 용어에 맞는 특징인지가 불분명하여 이해가 제한되고 있다. 現 통합형 군수지원체제의 5가지 특징은 '군사작전 수준에 부합된 군수지원체제, 지휘제대와 지원제대의 역할이 구분된 군수지원체제, 군수통합정보체계와 연계된 군수지원체제, 군수기능별·병과별·무기체계별 특성이 반영된 군수지원체제, 사용자(부대) 중심의 군수지원체제'이다. 앞에서 언급했듯이 '제 정보체계를 통합한 군수통합정보체계와 연계된 지원체제'라는 특징 외에는 '통합형'이라는 정의와 연계성이 떨어지다 보니 군수인들이 특징에 대해서 정확히 이해하지 못하고 있는 것이 현실이다.

(3) 통합형 군수지원체제 적용실태

육군 기본정책서 부록 '2019~2033 군수종합발전방향'에 통합형 군수지원체제에 대한 내용이 없고, '미래 군수지원체계 4.0'이 명시되어 있다. 『2019~2033 군수종합발전방향』은 『육군기본정책서 2019~ 2033』과 육군 중기계획을 연결하는 기획문서로서 중·장기 육군 군수 정책의 목표 및 방향을 설정하는 책이다. 육군 군수정책의 최상위 기획 문서이자 기획·계획수립의 지침서인 이 책에 통합형 군수지원체제가 없다는 것은 육군의 중·장기 기획 및 계획문서 작성과 군수정책 추진 시에 현 지원체제의 영향력이 제한되고 있음을 보여주는 것이다. 그리 고 이 자리를 '미래 군수지원체계 4.0'으로 대치하고 있으며 그 개념을 '속도 중심의 다기능 통합 군수지원체계'로 발전시키는 것도 現 통합형 군수지원체제가 제대로 적용되고 있지 않음을 보여주는 것이다.

군수의 기본 개념을 소개하면서 군수지원체제를 포함할 수 있는 교범은 4가지로 『야전교범 운용-6-41 군수부대』, 『야전교범 기준-6-1 작전지속지원』, 『야전교범 운용-6-11 군수업무』, 『합동교범 4-0 합동 군수』가 있다. 이 교범 중에서 군수분야 최상위 운용교범인 『군수업무』 교범에는 과거에는 군수지원체제를 포함시켜 교범을 작성했다. 그러나 2018년에 작성된 최신 교범에는 군수지원체제에 대한 내용이 없다. 유 일하게 군수지원체제를 포함해서 작성된 교범은 『작전지속지원』 교범 이다. 이 교범은 군단급 이하 전술제대에서 작전지속지원의 원칙과 기 준, 지원방법을 제공하는 교범으로 군수뿐만아니라 인사, 동원분야까지 포함해서 작전지속지원 전반을 다루는 교범이다. 포함된 내용을 보면, 과거 이 교범의 전신인 『전투근무지원』(2007) 교범에는 군수지원체제가 자세히 언급되어 있었으나, 이 교범이 『작전지속지원』(2018) 교범으로 조정되어 발간되면서 통합형 군수지원체제를 소개하는 수준으로 작성 되었고 특징 4가지 중 지휘제대와 지원제대 구분된 군수지원만 비교적 자세히 언급되어 있어서 군수지원체제를 이해하는 데는 제한이 있다.

이렇게 군수지원체제가 교범들에 실리지 않는 것은 군수업무를 이해하고 추진하는 데 現 통합형 군수지원체제의 영향력이 약화되어 있음을 보여주고 있는 것이다. 또한, 2006년 연구된 이후로 통합형 군수지원체제에 대한 추가적인 연구를 통해 공식문서에 반영된 실적도 없다.

통합형 군수지원체제의 특징을 적용하고 있는 실태를 살펴보면 용병술 체계에 부합된 군수지원체제 적용은 『작전지속지원』 교범에 전쟁의 수준별 작전지속지원 개념으로 반영되어 있으며 제대별 군수지원의 지침적 성격으로 활용되고 있었는데, 군사작전 수준(용병술)에 부합된 군수지원체제는 통합형 군수지원체제의 특징이라기보다는 제대별 군수지원을 위한 일반적인 지침의 성격이 강하다. 이것은 군사력을 운용하는 군사전략, 작전술 및 전술의 계층적 연관체계에 맞는 군수지원을 해야 한다는 것으로, 용병술 수준별 군수지원 주안이 전략적 수준의 군수지원은 전쟁지속능력 확보에 있으며, 작전적 수준의 군수지원은 작전지속능력을 확보하는 데 있고, 전술적 수준의 군수지원은 전투지속능력 확보에 있다는 것이다. 군사작전 수준(용병술)에 부합된 군수지원체제가 통합형 군수지원체제의 특징이 되기 위해서는 제대별 군수지원 시 무엇을 통합해서 지원해야 하는지가 추가 발전되어야 한다.

지휘제대와 지원제대의 역할이 구분된 군수지원체제의 경우 지휘제대는 지휘통제가 용이하면서 책임이 명확하도록 임무와 기능을 부여하여 기획, 계획, 방침 및 제도, 정책 위주의 업무를 수행하고, 지원제대는 책임과 전문성이 강화된 상태에서 지원체제의 일관성을 유지하여 소요, 획득관리, 저장, 분배, 정비와 처리 등의 업무를 수행하는 것이다. 여기에서 가장 큰 차이점은 장비 보급업무를 지휘제대는 장비 · 정비처에서 하고, 지원제대는 보급처에서 시행하는 것이었다. 적용실태를 확인한 결과 2015년에 지원제대인 군수사령부의 조직 개편으로 장비 보급 업무가 보급처에서 정비처로 조정되었으며, 군수지원사령부와 군수지원여단도 장비 보급업무를 보급처에서 하지 않고 정비처에서 실시하고 있다. 지휘제대와 지원제대의 역할을 구분하는 가장 큰 특징인 장비 보급업무를 지휘제대는 장비·정비처에서 하고, 지원제대는 보급처에서 시행하는 것은 적용되지 않고 있다. 따라서 지휘제대와 지원제대의 역할이 구분된 군수지원체제는 적용이 안 되고 있음을 알 수 있다.

군수 통합정보체계와 연계된 군수지원체제 적용실태를 확인한 결과 국방부 국방군수통합정보체계 구축사업은 정상 진행되어 2020년 7월에 전력화가 완료되어 운용 중에 있다. 그리고 국방군수통합정보체계와 육군전술 C4I체계, 국방재정정보, 국방인사정보, 국방동원정보 등 군수 외부 정보체계와 연동할 수 있도록 정상적으로 추진 중에 있다.

군수기능별·병과별·무기체계별 특성이 반영되는 군수지원체제 적용실태를 확인한 결과 군수 8대 기능에 의해서 군수관리 기본개념 및 교리를 유지하면서 군수 역할 및 활동분야를 구분하고, 4대 보급거래선 (물자, 장비, 탄약, 의무)별 보급 및 정비 업무를 수행하는 개념이었다. 주요 추진사항으로 첫째, 7·9종은 화력, 특수무기 등으로 무기체계를 구분하여 보급 및 정비를 실시하고, 정비 소요는 묶어서 관리하겠다는 것이고, 둘째, 사단급 제대에 대한 보급 및 정비지원 개념은 추가적인 연구를 통해 보급 및 정비방침을 하달하면서 현실적으로 적용 가능한 지원체제 설정이 필요하다는 것이며, 셋째, 군수사령부와 군지사령부는 보급 및 정비를 중심으로 조직과 지원계통을 구성하고 기능대대는 추진보급 및 현장 근접정비 능력 확충이 요구된다는 것이었다. 적용실태를 확인한 결과 첫째 7·9종은 화력, 특수무기 등으로 무기체계는 군수참모부(군수사령부)에서 보급과 정비를 실시한다고 하는데, 실질적으로 장비 보급은 군수참모부에서 하지 않고 전력참모부(방위사업청)에서 담당하고 있고, 정비 업무는 군수참모부에서 담당하고 있다. 따라서 정상적으로 시행되지 않고 있다. 둘째 "사단급 제대에 대한 보급 및 정비지원 개념은 추가적인 연구를 통해 '보급 및 정비방침을 하달하고 현실적으로 적용 가능한 지원체제 설정이 필요하다"와 셋째 "군수사령부와 군수지원사령부는 보급과 정비를 중심으로 조직 및 지원계통을 구성하고, 기능대대는 추진보급 및 현장 근접정비 능력 확충이 요구된다"는 추가적인 연구가 진행되지 않았다.

사용자(부대) 중심 군수지원체제의 주요 추진 내용은 다음과 같았다. 첫째는 군수지원을 세트화 및 패키지화하여 지원한다. 둘째는 전투부대는 전투에만 전념할 수 있도록 편성 및 체제에 대한 구비가 요구된다. 셋째는 임무 가능률, 사용자 대기시간 등 성과지표 시행 여부 확인이 요구된다. 넷째는 군수사령부 중앙재고를 위한 자산 가시화로 현재 개발 중인 군수통합정보체계와 연계할 군수자산에 대한 정보 공유체계 구축이 필요하다. 다섯째는 군수지원사령부와 기능대대는 '무기체계 특성별 책임제 관리'가 가능한 체계를 구성한다는 것이다. 적용실태를 확인한 결과 첫째 "군수지원을 세트화 및 패키지화하여 지원한다"는 세트화와 패키지화의 정확한 개념이 무엇인지, 어떻게 해야 하는 것인지 등이 정확하게 명시되어 있지 않았다. 다만 군지여단급에서 훈련 시 강조되고 있고, 전투력 복원 교범에 부대 재편성과 재조직 시 시행한다고만 언급이 되어 있다. 둘째 "전투부대는 전투에만 전념할 수 있도록 편성 및 체제에 대한 구비가 요구된다"는 전투에만 전념하는 전투부대의 제대는 중대, 대대, 여단 중에서 어느 제대인지 명확하지 않고, 어떻게 하는 것이 가능한 방안인가, 이에 소요되는 편성과 체제는 구체적으로 어떤 것인가에 대해 연구된 내용이 없다. 셋째 "임무 가능률, 사용자 대기시간 등 성과지표 시행 여부 확인이 요구된다"는 사용자 대기시간은 적용하고 있으나 임무 가능률은 적용하고 있지 않다. 넷째 "군수사령부 중앙재고를 위한 자산 가시화로 현재 개발 중인 군수통합정보체계와 연계할 군수자산에 대한 정보 공유체계 구축이 필요하다"는 지원부서 측면에서는 자산 가시화가 가능[4]하나, 사용자 측면에서는 자산 가시화가 제한[5]되고 있다. 다섯째 '군지사와 기능대대는 무기체계 특성별 책임제 관리가 가능한 체계를 구성한다'는 무기체계 특성별 책임제 관리의 정확한 개념이 무엇이며, 어떻게 하는 것인가에 대한 연구가 이루어지지 않고 있다.

現 통합형 군수지원체제의 적용실태를 요약하면, 공식문서에서는 『육군 기본정책서』 부록 '2019~2033 군수종합발전방향'에 통합형 군수지원체제에 대한 내용이 없고 '미래 군수지원체계 4.0'으로 명시되었으며, '작전지속지원' 교범에 개념적 내용이 일부 반영된 것 외에는 교범에서 내용이 수록되지 않고 있어 現 통합형 군수지원체제의 적용이 제한되고 있음을 알 수 있다.

또한, 통합형 군수지원체제의 특징 5개 적용실태를 확인한 결과 '군수 통합정보체계와 연계된 군수지원체제'만 정상 추진되고 있다. 기타 특징으로서 '군사작전 수준(용병술)에 부합된 군수지원체제'는 적용

---

4   사단급 이상 군수부대는 육군 내 사단급 이상 시설에서 보유하고 있는 자산에 대해 보유현황을 확인할 수 있다.

5   편성부대 이하에서는 청구한 군수품에 대해서 청구, 불출조치, 수송 등 진행사항을 알 수 없다.

하고 있었으나 이것은 일반적인 제대별 군수지원의 지침적인 성격으로 특징으로서는 재판단할 필요가 있고, '군수기능별 · 병과별 · 무기체계별 특성이 반영되는 군수지원체제'는 보완하여 적용할 필요가 있었다. 또한 '지휘제대와 지원제대의 역할이 구분된 군수지원체제', '사용자(부대) 중심의 군수지원체제'는 적용이 미흡하였다.

2) 통합형 군수지원체제 발전방향

現 '통합형 군수지원체제' 발전방향과 관련해서는 앞에서 한국군 군수지원체제의 변천 과정 등 5개 주제로 분석한 결과와 국방부, 육군본부 등 군수인들을 대상으로 한 인터뷰를 통해 現 통합형 군수지원체제 이해 실태, 문헌연구를 통해 現 통합형 군수지원체제 적용실태를 종합적으로 분석해서 다음과 같이 제시한다.

(1) 명칭

'통합형 군수지원체제'라는 명칭은 종합해서 분석한 결과, 그대로 유지하는 것이 타당하다고 판단된다.

(2) 정의

통합형 군수지원체제 정의는 현재의 "군수관리 및 군수지원 목표를 효과적으로 달성하기 위하여 군수 8대 기능을 상호 유기적으로 협조 및 통합하고, 군수조직과 지원계통을 군수지원의 활동 및 사용자 중심으로 정립한 지원체제"에서 "군수관리 및 군수지원 목표를 효과적으로 달성하기 위하여"라는 문구만 그대로 유지하고, "군수 8대 기능을 상호 유기적으로 협조 및 통합"한다는 문구는 미래 군수지원 발전방향을 고려 포괄적 문구로 조정하며, "군수조직과 지원계통을 군수지원의 활동 및 사용자 중심으로 정립한 지원"이라는 문구는 통합형이라는 개념에 맞지 않아 삭제하는 것이 타당하다고 판단된다.

이에 따라 통합형 군수지원체제의 정의는 '통합형' 개념에 맞게 "군수관리 목표(효과성, 경제성, 능률성)와 군수지원 목표(적시 · 적소 · 적량 지원)를 달성하기 위해서 가용자원과 기능을 효과적으로 통합해서 지원하는 군수지원체제이다"라고 재정립한다.

(3) 구현 중점

주요 특징은 '특징'이라는 용어보다는 통합형 군수지원체제를 구현하기 위한 중점 추진사항의 성격이 강하여 '구현 중점'으로 표현을 조정한다. 이러한 구현 중점은 정의에서 언급한 '가용자원과 기능을 어떻게 효과적으로 통합할 것인가' 하는 것이 제시되어야 한다. 이러한 가용자원과 기능을 통합하는 방법은 한국군 군수지원체제의 변천 과정, 선진 외국군 군수지원체제의 특징 및 발전추세, 현대전의 분석과 전쟁환경의 변화, 미래전 양상과 무기체계 발전추세, 미래 군수환경 및 요구능력을 분석하여 도출하였는데, 세부 과정은 지면 관계상 생략하고 분석한 결과만 〈표 6-1〉로 제시한다.

〈표 6-1〉 가용자원과 기능 통합방법 분석결과

구 분	가용자원과 기능의 공통된 통합방법			
군수지원체제 변천과정	–	군수지원 제 요소 통합	군수 정보체계 통합	–
외국군 군수지원체제 발전추세	획득과 운영유지 통합	다기능 통합, 모듈화 군수지원	군수 정보화, 중앙 통제체계	민·군 통합, 기업 운영방식 적용
현대전 교훈	–	다기능 군수지원 부대 통합, One-Stop 지원, 효율적·유연한 지원체계	군수자원과 정보 통합관리체제, 통합수송 지원체계	민간 동원체제 구축
미래전 양상, 무기체계 발전	–	군수지원부대 독립·통합적 능력 구비, 기동성 향상, 소량·다종·고가 무기체계 통합 지원	네트워크로 연결된 전장상황 하 효율적 지원 체제	–
미래 군수환경, 요구능력	자원절약형 군수지원체제, 운영유지비 절감, 효율적 장비 유지	One-Stop 지원, 패키지 지원, 기동화, 전문화	자산 가시화, 군수자원 중앙통제체제 구축, 군수지원 자동화	민간능력 효과적 활용
공통 지원체제	획득과 운영유지 통합 지원체제	다기능 통합 One-Stop 지원체제	군수 정보체계 통합 지원체제	민·군 통합 지원 체제

〈표 6-1〉의 하단부에서 보듯이 가용자원과 기능을 통합하는 공통된 방법과 지원체제는 4가지로, 획득과 운영유지 통합 지원체제, 다기능 통합 One-Stop 지원체제, 군수 정보체계 통합 지원체제, 민·군 통합 지원체제이다.

따라서 통합형 군수지원체제를 구현하는 중점 4가지는 다음과 같다.

첫째, 국가예산을 효율적이고 경제적으로 사용하기 위해 '획득과 운영유지가 통합된 총수명주기관리체제[6]'를 구축한다.

둘째, 사용자의 만족도를 향상시키고 전투현장에서 신속하고 효과적인 군수지원을 위해 '다기능을 통합한 One-Stop 군수지원체제'를 구축한다.

셋째, 군수자원의 중앙통제체제가 구축과 자산의 가시화 및 효율적 관리를 위해 '제 정보체계를 통합한 군수통합정보관리체제'를 구축한다.

넷째, 민간, 관(官)의 능력을 효과적 활용하여 효율성 및 경제성을 제고시키기 위해 '민·관·군 통합 군수지원체제'를 구축한다.[7]

---

6 체계 및 장비의 소요, 획득, 운영 및 처분에 이르는 전체 수명주기 과정에서 성능, 비용, 기술, 정보 등을 통합적인 관점에서 관리하는 것을 말한다. 수명주기 관리는 체계 및 장비의 가동률 향상과 수명주기 비용 감소를 목표로 체계지원 전략 및 통합체계 지원 요소별 확보방안을 토대로 수명주기관리계획을 작성하여 수행한다. 국방부, 『총수명주기관리업무훈령』 제2654호(서울: 국방부, 2022), p. 88.

7 정찬환, "통합형 군수지원체제 재정립 방안", 『군수』 제48호(대전: 육군종합군수학교, 2021), pp 32~37.

5. 군수부대 구조의 최적화 방안

군구조 발전방향과 관련해서 육군 군수부대 구조발전에 영향을 주는 것은 두 가지로 첫째는 작전적 수준의 부대에 지역군단을 포함시키는 것이다. 창군 이후 야전군사령부가 해체되기 이전인 2018년까지는 야전군사령부가 작전적 수준의 군수지원의 핵심제대였고, 군단은 편조부대로서 군단의 군수부대는 전시나 필요시 야전군사령부로부터 지원을 받는 개념이었다. 그러나 야전군사령부가 해체되고 군단이 소(小)야전군 개념하에 개편되면서 군단은 야전군사령부로부터 군수지원을 제공받았던 부대에서 군단이 작전적 수준에서 군수지원을 책임지는 핵심제대로 변화된 것이다.

둘째는 보병여단이 기본전술제대로 변화되는 것이다. 이에 따라 보병사단은 전술제대의 최상위 제대로서 편조부대로서의 성격이 강해졌으며 평시 사단에 편성된 군수지원대대는 사단 전체를 지원하는 부대의 성격이 아닌 포병여단과 사단직할대를 지원하는 개념으로 변화되었다. 즉, 보병여단은 군수지원의 핵심제대로서 군수부대가 편성되도록 변화되었으며, 예하의 대대는 편성부대로서 최소한의 군수부대가 편성되어야 한다.

통합형 군수지원체제 발전방향에 따른 구현 중점 중에 한국군 군수부대 구조발전에 영향을 주는 것은 두 가지이다. 첫째, 획득과 운영유지가 통합된 총수명주기관리체제를 구축하는 것과 둘째, 다기능을 통합한 One-Stop 군수지원체제를 구축하는 것이다.

첫째, 획득과 운영유지가 통합된 총수명주기관리체제 구축과 관련해서는 군수사령부가 무기체계 및 전력지원체계의 소요제기로부터 폐기까지 총수명주기관리를 하는 부대로 구조를 개편하는 것이 바람직하다.

둘째, 다기능을 통합한 One-Stop 군수지원체제 구축과 관련해서는 군단과 여단이 다기능을 통합하는 핵심제대가 되도록 개편할 필요가 있다. 국방개혁에 의하여 육군이 개편되면서 군수지원의 중심은 군사령부와 사단에서 군단과 여단으로 전환되었다. 이러한 변화를 고려하여 군단과 여단이 군수지원의 핵심적 역할을 수행할 수 있도록 편성의 완전성을 높일 필요가 있으며, 기타 부대들은 이를 보완하는 개념으로 편성을 최적화해서 전·평시 군수지원을 효율화시켜 나갈 필요가 있다.

1) 전략적 군수부대

총수명주기관리체제 구축과 관련해서 국방부와 육군본부는 소요기획단계와 정책적 결심 업무를 추진토록 하고, 군수사령부는 획득에서부터 운영유지, 폐기단계의 업무를 추진토록 조직을 개편할 필요가 있다.

국방부와 육군본부는 〈표 6-2〉와 같이 현재의 조직체계가 무기체계별로 편성되어 있어 무기체계별로 총수명주기관리 개념하 업무를 추진하면 되고, 군수사령부 현재의 기능 및 병과별 편성을 총수명주기관리 개념하 무기체계별로 조정 편성하는 것이 바람직하다.

〈표 6-2〉 군수사 지원부서 개편(안)

지휘제대	국방부	육군본부	군단	사·여단
	무기체계별	무기체계별	통합편성	통합편성
지원제대	방사청	군수사	군지(여)단	기능대대
	무기체계별	기능+병과별	통합편성	통합편성

지휘제대	국방부	육군본부	군단	사·여단
	무기체계별	무기체계별	통합편성	통합편성
지원제대	방사청	군수사	군지(여)단	기능대대
	무기체계별	무기체계별	통합편성	통합편성

군수사령부를 앞의 개념에 근거하여 무기체계별로 편성을 조정하기 위해서는 〈그림 6-3〉과 같이 보급처는 물자처로 개편한다. 또한, 군수사령부의 총수명관리체계 컨트롤 타워(Control tower) 역할을 고려하여 군수품의 획득, 운영유지, 폐기에 이르는 전체 수명주기 과정에서 성능, 비용, 기술, 정보 등을 통합적인 관점에서 관리 가능토록 총수명주기관리처를 신편한다. 육군본부 직할부대로 편성되어 있었던 전력지원체계사업단은 2021년 12월부로 군수사령부 예속으로 전환하였는데 군수사령부에서 전력지원체계에 대한 획득업무가 이루어지도록 함으로써 전력지원체계에 대한 총수명주기관리체제도 확립되도록 한다.

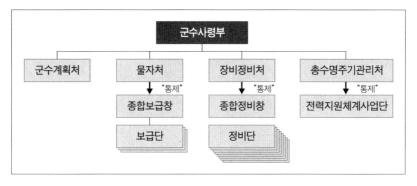

〈그림 6-3〉 군수사령부 조직 개편(안)

군수사령부 총수명주기관리처는 〈그림 6-4〉와 같이 무기체계는 방사청에서 획득하므로 획득과정에서 방사청이 운영유지를 고려하여 획득하도록 군수사에 PSM(Product Support Manager)[8]을 편성해서 방사청을 지원토록 하고, 군수품 획득, 운영유지, 폐기단계에서 필요한 창정비개발과, RAM(Reliability, Availability, Maintainability) 및 LSA(Logistics Support Analysis)와, 규격 및 목록과, 국산화개발과, 비용분석과를 편성할 필요가 있다.

〈그림 6-4〉 군수사령부 예하 총수명주기관리처 편성(안)

---

8 체계지원관리자로서 획득 및 운영유지단계에서 통합체계지원요소 개발 및 관리 지원과 수명주기관리계획서 작성 및 최신화를 위해 각 군 및 해병대에 편성된 인원. 국방부,『총수명주기관리업무훈령』, 제2654호, p. 34.

2) 작전적 군수부대

작전적 군수부대 최적화를 위한 개편 중점은 2가지로써 첫째, ○○ 작전사령부는 지휘통제 위주의 사령부로서의 역할에 집중할 수 있도록 군수지원에 대한 부담을 해소하는 것이고, 둘째, 군단은 소(小)야전군 개념하에 작전적 군수지원의 핵심제대로 임무수행 가능토록 개편하는 것이다.

첫째, ○○작전사령부와 관련해서는 예하에 자체 직할부대를 지원하는 군수지원대대만 최소화해서 편성하고, A군수지원사령부를 육군 군수사령부 예속으로 전환하여 육군 군수사령관 책임하에 ○○작전사령부 후방 군단, 지역 내 국방부 및 육군 직할부대를 지원토록 한다. 또한, A군수지원사령부는 유사시 전방 군단 예하 군수지원(여)단을 보강지원토록 편성함으로써 전방 군단 작전지속지원의 융통성과 완전성을 갖추도록 한다.

A군수지원사령부 편성은 〈그림 6-5〉와 같이 사령부 예하에 다기능을 통합한 군수지원단을 편성하되, 전시에 전방군단을 보강지원 하기 위해 피지원부대의 임무 · 편성 · 장비를 고려 다기능군수지원단을 모듈화 편성하여 지원한다. 이러한 다기능군수지원단은 전방 군단 군수지원여단이나 군수지원단의 기능발휘 제한 시 육군 군수사령관이 ○○작전사령관과 협의하여 지원토록 한다.

둘째, 지역군단은 소(小)야전군 개념하에 다기능을 통합한 One-Stop 군수지원을 하는 핵심제대로서 군단 예하부대와 군단 작전지역 내 육 · 국직부대, 해 · 공군부대에 대한 3군 공통 군수지원이 가능토록 편성한다. 특히, 예하 사단의 군수부대가 약화됨에 따라 군단이 직접 예하

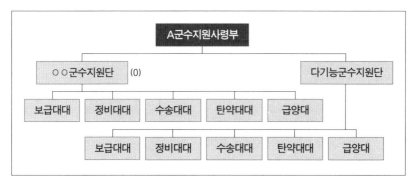

〈그림 6-5〉 A군수지원사령부 편성(안)

여단들을 지원 가능토록 참모부와 예하 부대들을 편성한다.

군단 군수지원여단의 편성은 〈그림 6-6〉에서 보는 바와 같이 기능별 능력 발휘가 가능하도록 기능처부를 개편하고, 보급대대, 정비대대, 수송대대, 탄약대대, 급양대, 의무보급정비대, 예방의무근대는 예하 여단과 직접 임무수행 가능토록 보강 편성한다. 추가적으로 예하 사단과 여단의 군수부대가 기능발휘 제한 시 이를 보강지원 할 수 있도록 평시에 1개 전방지원대대를 다기능 군수지원부대로 편성하고, 전시 및 위기 상황 시 2~3개의 전방지원대대를 추가 창설하여 융통성 있는 지원이 가능토록 편성한다.

〈그림 6-6〉 군단 군수지원여단 편성(안)

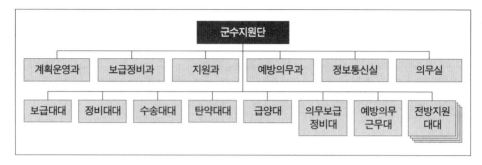

군수지원단
├─ 계획운영과
├─ 보급정비과
├─ 지원과
├─ 예방의무과
├─ 정보통신실
└─ 의무실

보급대대 | 정비대대 | 수송대대 | 탄약대대 | 급양대 | 의무보급정비대 | 예방의무근무대 | 전방지원대대

〈그림 6-7〉 군단 군수지원단 편성(안)

지역군단이 아닌 기타 군단은 작전적 수준의 부대는 아니나 여기에서 편성 발전방향을 제시한다면, 기타 군단의 군수지원단 편성은 〈그림 6-7〉에서 보는 바와 같이 기능별 능력 발휘가 가능하도록 단 본부와 보급대대, 정비대대, 수송대대, 탄약대대, 급양대, 본부중대로 편성한다. 평시에 예하 사단과 여단의 군수부대를 보강지원 할 수 있도록 1개 전방지원대대를 다기능 군수지원부대로 편성하고, 전시에는 1~2개의 전방지원대대를 추가 창설하여 예하 사 · 여단을 지원토록 한다.

3) 전술적 군수부대

전술적 군수부대 최적화를 위한 개편 중점은 3가지로서 첫째, 사단 사령부는 C2(Command and Control) 위주의 사단으로 변경되면서 사단의 군수부대를 최소화하여 편성하고 유사시 군단으로부터 지원받도록 하는 것이며, 둘째, 보병여단은 기본전술제대로서 군수지원의 핵심 임무 수행이 가능토록 군수부대를 보강 편성하는 것이고, 셋째, 보병대대는 편성부대로서 최소한의 독립작전 수행이 가능토록 군수부대를 편성하는 것이다.

　구체적으로 살펴보면 첫째, 보병사단은 전술부대의 최상위 제대로서 사단 군수지원대대는 포병여단과 직할대만을 지원토록 최소화 편성한다. 유사시 및 전시에는 군단으로부터 전방지원대대를 추가 지원받아서 예하에 보병 및 포병여단을 보강 지원토록 한다. 사단 군수지원대대 편성은 〈그림 6-8〉에서 보는 바와 같이 현재의 군수지원대대 편성에서 참모부에 통신과를 편성하고, 보급중대와 수송중대를 통합하여 보급수송중대로 편성하되 참모부와 예하 기능대대들이 다기능 통합 One-Stop 군수지원이 가능토록 한다. 유사시 및 전시에는 전방지원중대 1~2개를 추가 편성하여 포병여단 예하 대대를 지원토록 한다.

〈그림 6-8〉 보병사단 군수지원대대 편성(안)

〈그림 6-9〉 보병여단 군수지원대대 편성(안)

둘째, 기본전술제대인 보병여단의 군수지원대대는 군수지원의 핵심제대로서 편성을 보강한다. 〈그림 6-9〉에서 보는 바와 같이 운영과와 지원통제과 등 참모부와 예하 기능대대를 다기능을 통합한 One-Stop 군수지원이 가능토록 보강 편성한다. 유사시 및 전시에 전방지원중대 1~2개를 다기능 군수지원부대로 편성하여 예하 보병대대를 보강 지원토록 한다. 전시에 피해 상황 발생으로 임무수행 제한 시는 군단이나 사단으로부터 전방지원대대를 지원받아서 여단 군수지원의 연속성을 보장한다.

셋째, 보병대대는 편성부대로서 최소한의 독립작전 수행이 가능토록 평시 군수부대를 최소화해서 편성한다. 대대 군수부대인 전방지원중대의 편성은 〈그림 6-10〉에서 보는 바와 같이 본부반, 보급소대, 정비소대 및 야전취사반으로 편성한다. 본부반은 전방지원중대를 지휘 및 통제하며, 보급소대는 모든 종류의 보급품과 탄약을 수령, 일시 저장 및 분배하고, 정비소대는 전차, 일반 및 기타장비 정비지원과 공병지원을 실시하며, 취사반에서는 급식지원을 실시토록 한다. 유사시나 전시에

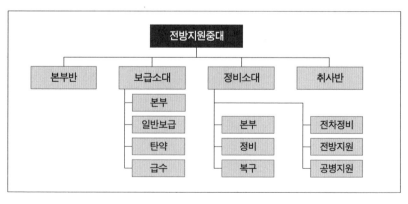

〈그림 6-10〉 전방지원중대 편성(안)

피해 발생으로 임무수행 제한 시는 여단으로부터 전방지원중대를 추가 지원받도록 한다.

지금까지 군수부대 구조가 창군 이후 현재까지 시기별로 어떠한 핵심 영향요인에 의해서 어떻게 변화되어 왔는지를 분석하고, 핵심 영향요인인 군구조와 군수지원체제의 미래 발전방향과 이에 따른 한국군 군수부대 구조 최적화 방안을 제시하였다.

군구조와 군수부대 구조분야에 대한 연구는 그 중요성에도 불구하고 군의 전문성, 제한성 등으로 연구가 거의 이루어지지 않고 있는 분야이다. 기존 연구자료의 제한과 보안 문제 등으로 연구의 한계가 있었음을 밝히며, 본 연구가 전쟁 승리에 있어서 결정적 영향을 미치는 군 구조 분야에 대한 연구와 발전의 마중물 역할을 할 수 있기를 기원한다.

참고문헌

1. 국내문헌

1) 단행본

국방부, 『국방사 1950. 6 ~ 1961. 5』(서울: 국방부전사편찬위원회, 1987).

_____, 『국방백서 1991~1992』(서울: 국방부, 1992).

_____, 『건군 50년사』(서울: 국방군사연구소, 1998).

_____, 『한미군사 관계사 1871-2002』(서울: 국방부 군사편찬연구소, 2002).

_____, 『국방백서 2006』(서울: 국방부, 2006).

_____, 『국방백서 2008』(서울: 국방부, 2008).

_____, 『국방 군수용어사전』(대전: 국방연구소, 2008).

_____, 『한미동맹 60년사』(서울: 국방부 군사편찬연구소, 2013).

_____, 『국방백서 2014』(서울: 국방부, 2014).

_____, 『국군과 대한민국 발전』(서울: 국방부 군사편찬연구소, 2015).

_____, 『국방백서 2016』(서울: 국방부, 2016).

_____, 『국방백서 2018』(서울: 국방부, 2018).

_____, 『국방 군수·전력 용어사전』(서울: 국방부, 2019).

_____, 『국방 100년의 역사』(서울: 군사편찬연구소, 2020).

_____, 『국방백서 2020』(서울: 국방부, 2020).

_____, 『총수명주기관리업무훈령』, 제2654호(서울: 국방부, 2022).

군사용어대사전편집위원회, 『군사용어대사전』(서울: 청미디어, 2016).

권태영·노훈, 『21세기 군사혁신과 미래전』(서울: 법문사, 2008).

노양규·신종태·이종호, 『미래 지상군 기본전술제대 편성 연구』(서울: 한국국방발전연구원, 2012).

손병식, 『군수학 원론』(서울: 서울경제경영, 2013).

육군본부, 『야전교범 61-100 보병사단』(대전: 교육사령부, 1972).

_____, 『야전교범 7-40 보병연대』(대전: 교육사령부, 1978).

_____, 『야전교범 51-100 군단 및 야전군』(대전: 교육사령부, 1980).

_____, 『야전교범 54-5 군단 군수지원단』(대전: 교육사령부, 1987).

_____, 『전략군수론』(대전: 교육사령부, 1992).

_____, 『야전교범 61-100 보병사단(차기보병사단)』(대전: 교육사령부, 1993).

_____, 『야전교범 29-030 사단 정비근무대 및 대대』(대전: 교육사령부, 1994).

_____, 『군수변천사』(대전: 교육사령부, 1996).

_____, 『야전교범 71-100 보병연대(여단)전투』(대전: 교육사령부, 1997).

_____, 『알기 쉬운 군수용어』(대전: 교육사령부, 2001).

_____, 『육군 무기체계 50년 발전사』(대전: 군사연구실, 2001).

_____, 『야전교범 9-7 보병연대』(대전: 교육사령부, 2002).

_____, 『야전교범 19-21 군수지원사령부』(대전: 교육사령부, 2003).

_____, 『야전교범 41-4 보급수송대대』(대전: 교육사령부, 2003).

_____, 『교육회보 04-3-11 군수지원단』(대전: 교육사령부, 2004).

_____, 『야전교범 4-12 군수부대(군수사령부, 군수지원사령부, 군수지원단)』, (대전: 교육사령부, 2011).

_____, 『야전교범 3-0-1 군사용어사전』(대전: 교육사령부, 2012).

_____, 『야전교범 운용-6-41 군수부대』(대전: 교육사령부, 2016).

_____, 『기준교범 0-3 군사용어』(대전: 교육사령부, 2017).

_____, 『야전교범 기준-6-1 작전지속지원』(대전: 교육사령부, 2018).

_____, 『야전교범 운용-6-11 군수업무』(대전: 교육사령부, 2018).

_____, 『야전교범 운용-6-41 군수부대』(대전: 교육사령부, 2018).

_____, 『육군 교리발전사』(대전: 교육사령부, 2021).

이상돈·김철환, 『군수론』(서울: 청미디어, 2012).

이원양·장문석, 『군구조 이론에 관한 연구』(서울: 국방대학교, 1989).

이희승, 『국어대사전』(서울: 민중서림, 1994).

정치학대사전편찬위원회, 『21세기정치학대사전』(서울: 아카데미아리서치, 2002).

한미연합사,『연합/합동작전 용어집(제1권)』(서울: 한미연합군사령부, 2020).

합동참모본부,『합동교범 4-0 합동군수』(대전: 합동참모대학, 2017).

_____,『합동교범 10-2 합동·연합작전 군사용어사전』(서울: 합동참모본부, 2020).

2) 논문 및 연구보고서

김갑진,「한국군 군구조 정책 결정요인과 특징」, 경남대학교 박사학위 논문, 2021.

김동주,「네트워크 중심 전쟁 시대의 군수지원체제 발전연구, One-Stop 지원체계를 중심으로」, 경기대학교 박사학위 논문, 2007.

김동한,「군구조 개편정책의 결정 과정 및 요인 연구」, 서울대학교 박사학위 논문, 2009.

_____, "한국군 구조개편정책의 결정요인 분석",『한국정치학회보』제43집 제4호, 2009.

김영태·류우식, "육군 군수지원체제의 발전방안"(한남대학교 경영연구소, 2007).

김정곤·김동주·최경현, "미래 군수지원체제 발전방안"(서울: 한국전략문제연구소, 2006).

류우식,「속도 중심 군수지원의 효익에 관한 실증연구」, 한남대학교 박사학위 논문, 2008.

박무춘, "국방개혁의 핵심으로서 육군 군 구조 개편계획에 대한 제언",『전략연구』통권 제82호(서울: 한국전략문제연구소, 2020).

박무춘·고시성, "전략환경 변화에 따른 부대 및 병력구조 발전방안 연구"(서울: 한국전략문제연구소, 2019).

박양대, "미래 군수지원체제 발전방향"(조선대학교 군사발전연구소, 2014).

방대선,「CIPP 평가모형에 의한 한국군 군수지원체제 변화요인에 관한 연구」, 목원대학교 박사학위 논문, 2018.

신태치·강영기, "군구조 개선연구(군수부대)"(서울: 육군본부, 1988).

신태치·정낙준, "통합기능화체제에 부합된 군수부대 구조 개선"(대전: 교육사령부, 1994).

심재관·류창하·이정훈, "미래 환경변화에 대비한 '한국형 군수지원체제' 연구"(서울: 21세기 군사연구소, 2018).

양영범,「국방개혁2020에 부응한 군구조 발전방향」, 서울대학교 박사학위 논문, 2008.

이상돈·김은홍·이상형, "미래지향적인 군수지원체제",『군수관리보』제21호(계룡: 육군본부, 2005).

이재춘·김광림, "장차전 양상을 고려한 효율적인 군수지원체제"(대전: 교육사령부, 2009).

이필중, "한국 국방예산의 소요와 배분에 관한 연구(1953~현재)"(서울: 한국국방연구원, 2014).

임완재·오영균, "군 구조정책의 변화요인에 관한 연구", 『한국사회와 행정연구』 제24권 제4호, 2014.

장명순, "미래 지상군 구조 발전방향에 대한 소고", 『군사세계』 제11권(서울: 21세기군사 연구소, 2014).

정찬환, "통합형 군수지원체제 재정립 방안", 『군수』 제48호(대전: 육군종합군수학교, 2021).

_____, 「한국군 군수부대 구조 결정의 핵심요인에 관한 연구」, 한남대학교 박사학위 논문, 2023.

주소영, "2000년대 이후 대한민국 제도의 경로의존성 분석: 역사적 제도주의 관점에 서"(화성: 한국예술교육학회, 2017).

황의길, "군수지원부대 편성 발전방안"(대전: 교육사령부, 1995).

2. 국외문헌

American Heritage Dictionary, 4th ed. (Boston: Houghton Miffin Co., 2002).

Amitai Etzion, *Modern Organization* (Englewood Cliffs, N.J.: Prentice-Hall, 1964).

Beron de Jomini, *The Art of War: A New Edition, with Appendices and Maps*, trans. G. H. Mendell and W. P. Craighill (Westport, C.T.: Greenwood Press, 1971).

Chester I. Barnard, *The Functions of the Executive* (Cambridge, M.A.: Harvard University Press, 1938).

D. L. Stufflebeam, George F. Madaus, and T. Kelleghan, *Evaluation Models: Viewpoints on Educational and Human Services Evaluation*, 2nd ed. (Kluwer Academic Publishers, 2000).

Daniel Katz and Robert L. Kahn, *The Social Psychology of Organizations* (New York: John Wiley & Sons, 1966).

Diego Lopes da Silva, Nan Tian, Alexandra Marksteiner, *Trends in World Military Expenditure, 2020* (SIPRI, 2021).

Douglas J. Murray and Paul R. Viotti, *The Defense Policies of Nations: A Comparative Study*, 3rd ed. (Baltimore: Johns Hopkins University Press, 1994).

Edward N. Luttwark, "The Operational Level of War," *International Security*, Vol. 5, No. 3 (Winter 1980-1981).

Henry E. Eccles, *Military Concepts and Philosophy* (New Brunswick, N.J.: Rutgers University Press, 1965).

James A. Huston, *The Sinews of War: Army Logistics 1775-1953* (Office of the Chief of Military History, U.S. Army, 1966).

James M. Lindsay and Randall B. Ripley, "How Congress Influences Foreign and Defense Policy," *Congress Resurgent: Foreign and Defense Policy on Capital Hill* (Ann Arbor: University of Michigan Press, 1993).

John Bigelow, *Principles of Strategy: Illustrated Mainly from American Campaigns*, 2nd ed. (New York: Greenwood Press, 1968).

Leslie H. Gelb and Arnold M. Kuzmack, "General Purpose Forces," in Henry Owen, ed., *The Next Phase in Foreign Policy* (Washington, D.C.: Brookings Institution Press, 1973).

Max Weber, *The Theory of Social and Economic Organization* (The Free Press, 1947).

Merriam-Webster's Collegiate Dictionary, 10th ed. (Springfield: Merriam-Webster Inc, 1998).

Moshe Kress, *Operational Logistics: The Art and Science of Sustaining Military Operations* (Boston: Kluwer Academic Publishers, 2002).

North Atlantic Treaty Organization (NATO), *AAP-06 NATO Glossary of Terms and Definitions* (NSA, 2021).

Richard H. Hall, *Organizations: Structure and Process* (Englewood Cliffs, N.J.: Prentice-Hall, 1982).

The Joint Chiefs of Staff, *Dictionary of Military and Associated Terms* (1986).

US ARMY, *FM 4-0 Sustainment* (April 2009).

3. 인터넷 및 기타 자료

국립국어원, 『표준국어대사전』(서울: 국립국어연구원, 2008), https://stdict.korean.go.kr/m/main/main.do, 2022. 3. 27.

국방부, "국방개혁2.0 소개자료", https://reform.mnd.go.kr, 2022. 3. 27.

_____, 『국방과학기술용어사전』(서울: 국방기술진흥연구소, 2021), http://dtims.dtaq.re.kr.8070/search/main/index.do, 2022. 5. 27.

_____, 『군수품 관리훈령』(서울: 국방부, 2016), http://law.go.kr, 2022. 5. 31.

김윤종, "러軍, 탄약·식량 사흘도 못버틸 지경… 장기전 늪에 빠진 푸틴", 『동아일보』,

2022. 3. 24.

남정옥, 『한미군사관계사』(서울: 국방부군사편찬연구소, 2002), http://encykorea.aks.ac.kr, 2022. 5. 31.

동북아역사재단, "아시아 패러독스란?", https://blog.naver.com/postview, 2022. 6. 20.

박동찬, 『한국민족문화대백과사전』(서울: 국방부군사편찬연구소, 2009), http://encykorea.aks.ac.kr, 2022. 5. 31.

방종관 한국국방연구원 객원연구원, "세계 2위 강군도 비틀대는 이유… 국방혁신, 러 실패서 배워라", 『중앙신문(인터넷)』, https://ko.gl/QDBkH, 2022. 3. 16.

육군정보학교, 『전투실험용어사전』(이천: 육군정보학교, 2018), http://intsch.army.mil, 2022. 5. 31.

이안태, 『Basic 사회·과학 상식』(서울: ㈜신원문화사, 2007), http://terms.naver.com, 2022. 5. 31.

정지섭, "'중국군, 우크라의 러군과 닮은 꼴'… 美 전문가들이 꼽은 최대 약점", 『조선일보(인터넷)』, https://n.news.naver.com/article/023/0003705220, 2022. 7. 21.

한국학중앙연구원, 『한국민족문화대백과』(성남: 한국학중앙연구원, 1997), http://terms.naver.com, 2022. 5. 31.

해군 군수사령부, 『군수용어사전』(진해: 해군 군수사령부, 2018), http://navylogicom.mil.kr, 2022. 5. 27.

정찬환(鄭燦煥)

주요 학력
육군사관학교 졸업(공학사, 건축학 전공)
육군대학 전문과정(1999) 졸업
고려대학교 대학원 행정학과 졸업(행정학 석사)
서울대학교 미래안보전략기술 최고위과정(ALPS^2) 수료
서울대학교 국제안보전략 최고위과정(ISSP) 수료
한남대학교 대학원 정치언론국제학과 졸업(국제정치학 박사)

주요 경력
제6보병사단 대대장, 군수참모
육군본부 군수참모부 군수관리과 군수관리계획장교
제31보병사단 연대장
육군본부 군수참모부 부대개편군수추진단장
육군본부 군수참모부 군수운영재난관리과장
육군본부 군수참모부 물자차장
제25보병사단 사단장
육군 군수사령부 참모장
한미연합군사령부 군수참모부장

연구 및 논문
직무불만족에 대한 행태적 반응의 실증적 고찰(석사 논문, 1992)
'통합형 군수지원체제' 재정립 방안(군수지, 2021)
한국군 군수부대 구조 결정의 핵심요인에 관한 연구(박사 논문, 2023)